有刺不伤人，善良的境界

苏　燕◎编著

中国出版集团　　现代出版社

图书在版编目（CIP）数据

有刺不伤人，善良的境界 / 苏燕编著 .-- 北京：
现代出版社，2019.1

ISBN 978-7-5143-6740-9

Ⅰ . ①有… Ⅱ . ①苏… Ⅲ . ①人生哲学—通俗读物
Ⅳ . ① B821-49

中国版本图书馆 CIP 数据核字（2018）第 000688 号

有刺不伤人，善良的境界

作　　者	苏　燕
责任编辑	杨学庆
出版发行	现代出版社
通讯地址	北京市安定门外安华里 504 号
邮政编码	100011
电　　话	010-64267325　64245264（传真）
网　　址	www.1980xd.com
电子邮箱	xiandai@vip.sina.com
印　　刷	河北浩润印刷有限公司
开　　本	880mm×1230mm　1/32
印　　张	5
版　　次	2019 年 1 月第 1 版　2022 年 1 月第 2 次印刷
书　　号	ISBN 978-7-5143-6740-9
定　　价	39.80 元

$\mathcal{C}$ontents 目 录

Chapter 1 你是否真的善良 ·················· 001

你的善良真能称得上善良吗 ···················· 002

不懂拒绝，你就是供人使唤的老妈子 ·············· 006

请守护好你的亲密距离 ························ 010

做人要有好品格 ···························· 013

你当坚强，而且善良 ·························· 016

不自怨自艾，让自己活得精彩 ·················· 019

Chapter 2 不懂善良，就容易被伤害 ·············· 023

你是否已经被你的善良伤害 ···················· 024

不要因为善良就无原则地纵容 ·················· 029

懂得给别人留后路有多重要 ···················· 035

如果你没主见，怎么寻得到自我 ················ 038

没有伤害，难得成长 ·························· 044

别没主见，别人的看法不一定就是善意 ············ 048

Chapter 3　你当善良，到处播撒阳光 ·············· 053

稳稳地把握住善良 ················· 054

吃亏是福，但总吃亏哪儿来的福 ········· 059

千万别企求付出就有回报 ············· 063

与其抱怨，不如实实在在地争取 ········· 067

你要发光，一定要努力 ·············· 071

与人为善，播撒阳光 ··············· 077

Chapter 4　善良的人生活越来越好 ············· 081

让自己的善良变得更加成熟 ··········· 082

做自己，不成为世界的变色龙 ·········· 087

没有人为你善良，也别让你的善良不得好报 ·· 094

不要走进诱惑的陷阱 ··············· 098

Chapter 5　因为善良，所以有情义 ············· 105

做丈夫的一定要懂得尊重妻子 ·········· 106

成功的男人懂得疼爱妻子 ············· 111

你要爱他，就成全他的爱好 ··········· 116

善待父母，就是善待自己 ············· 119

好的爱情会让你的人生充满幸福 ········· 125

Chapter 6　好好做人，一直善良 ························· 129

最高的情商，就是心里装着别人 ·············· 130

成长中，你要懂得爱自己 ·············· 134

读书让你变得更善良 ·············· 140

做一个有素质的人 ·············· 145

与其仰望别人，不如提升自己 ·············· 150

1 / *Chapter 1*

你是否真的善良

你的善良真能称得上善良吗

　　"善良"一直都是一个美好的名词。从小，父母和老师就一直在教导我们，要做一个善良的人。在日复一日的灌输中，我们是否还明白"善良"的真正含义呢?

　　有些时候，我们对善良的定义太过肤浅，自以为站在善良的一方而对其他人或事件妄加评价。这样的"善良"真的是我们所追求的吗?

　　小芬刚到上海时在地铁里、街道上，经常能看到行乞的，或是妇女领着小孩，或是风烛残年的老人。她不明白这对一个相对发达的城市来说意味着什么，每次看到，她都会莫名的心酸，身上有零钱基本都会给他们一些，甚至有时候因为没有零钱给他们，她还会心生愧疚，自责很长一段时间。那时候，她很不屑那些穿得很得体像极了成功人士的人，觉得自己内心比他们富裕。

　　那会儿她一个月挣不到两千块钱的工资。

　　直到后来有一次，她跟同事在地铁里，看到一位妇女带着小孩走过了，她本能地想去掏钱，同事一把拉住了她，问她干什么，小芬说给钱啊。

同事笑了笑："你一个月挣多少钱啊？"

小芬说："一千八啊！"

"你知道他们一个月挣多少钱吗？"

"不知道，多少钱啊？"小芬问道。

同事小声对她说："他们这种，轻轻松松一个月过万。"

"不会吧？"小芬有点不相信。

"是真的，这还算少的了。"

"你以为他们可怜，你才是真正的可怜，他们只是装得可怜而已，你看看周围这些人，哪个不比你挣得多，他们给吗？其实他们何尝不是这样过来的，但你要清楚，像这种，他们都是有组织的，他们乞讨的钱有很大一部分是要上交的，上交完之后这些组织会更有钱，有钱了他们就会招募更多的人，到时候就会有更多的小孩被拐卖遭毒手，变成乞丐！你一个小小的善心有可能会成为这个恶性循环里的重要一截，到时候可就不是做善事了，等于变相害人啊！当然也不能一棒子打死，你要实在心里过意不去，就给他们一些吃的，最好别给钱。"

很多时候，我们都会自以为是地认为自己在善良，看到弱者必须要有一份同情心。可是却被他们蒙蔽了双眼，他们正在利用我们的善良做一些不光彩的事，而我们的善良也成了他们为非作歹的工具，所以面对这样的一些人，我们不能把善良奉献出来，应该冷眼地拒绝。

还有一种道德绑架叫作——我是为你好。

生活中常常听到这样的话："学什么美术，以后工作都找不到，听我的，学会计，我都是为你好，以后你就知道了。""那个男人没房没车，你以后跟着他肯定是要受苦的，为你好，赶紧分手吧。""在外面折腾干什么，回来考公务员又稳定又舒服，我这是为你好。""我都是为你好，你要赶紧结婚，再大两岁，结婚就……"

打着为"为你好"的旗号，越过界干涉他人的人生，要求他人不断牺牲，来满足自己的期望。说到底，就是以爱之名，行伤害之实。遇到那些以爱之名的道德绑架，你一定要坚持自己内心的原则，不要把自己置于为别人而活的境地。人生会有各种遭遇，不管是好事还是坏事，不管是好人还是烂人，你总会在某个时间点遇上。倘若你无力承担，没人能代替你承担，但我仍然希望你知道，这些事是在所难免的，你无法跟执着于个人观念而伤害你的人理论，你只能努力让自己不被打倒。

倘若你能扛过去，不必逼自己去原谅伤害自己的人。如果有一天你挺过了所有的伤害，终于拥有了坚强，也不必对谁说都是因为谁曾经伤害你那么深，才成就了今天的你。你现在这么优秀完全是因为你自己强大，当年没有被他们打倒而已。

　　有时候，犯错的人并不知道自己在伤害你甚至是残害你，然后还会怪你不优秀、不争气。要是不小心遇上了烂人破事，我们只能自己一个人扛起所有的苦与痛，但这并不是要教会你悲观，而是教会你人世的智慧。

　　人之初，性本善。我们每个人都希望自己成为善良的人，每个人都在向着成为善良的人这个方向努力。然而有时候我们却忽略了，善良的本质是心与行合而为一。当我们忙着在口头上做一个善良的人的时候，应当停下来看一看，自己在行动上的表现是否像自己所说的一样？当我们忙着向别人播撒我们的善良的时候，更应当停下来想一想，质问自己：自己的善良真的足够有质量吗？

不懂拒绝，你就是供人使唤的老妈子

拒绝是一门处事艺术，不懂拒绝，其实是得了一种叫"不好意思"的病。过度友善的人，不忍或害怕拒绝别人，他们总是怀抱善意，宁可牺牲自己的时间、精力，也不想让别人失望。然而，害怕拒绝，害怕让别人失望，也是一种自卑。懂得拒绝，恰是最好的尊重。生活总有点欺软怕硬，一个完全不懂拒绝的人，也不可能赢得真正的尊重。

方全，到一家公司后表现得很友善，主管吩咐他做任何事他都会爽快地答应下来。但是不久，主管发现交给他的工作他都完成得特别慢。主管一开始以为是他性格散漫，所以找他谈话，后来才发现，是因为他对基础性的业务不熟悉，导致工作无法高效完成。

最后，方全内心觉得自己干这些活儿真是吃力不讨好，没多久干脆离职了。他之所以离职，不过是因为他一开始不敢拒绝自己无法完成的工作。

很多人都喜欢《欢乐颂》里的关雎尔，因为她人长得甜美，心地也好。但她也常常为人诟病：正因为心地太好，她不懂得拒绝别人。

关雎尔很多时候加班加得晚，都是因为帮别人做事。终于有一次，同事又病了，请她完成剩下的工作，最后也是她签名确认。

同事做的那一部分错漏百出，经理知道后却只骂关雎尔。因为最后签名的是她，所有责任都要由她来承担。而那个同事，出事之后一句话也没替她说，也没有一句安慰。

关雎尔的傻白甜行径，其实也是今天许多人的写照：因为想塑造自己的良好形象，所以对朋友的请求来者不拒。终于，我们温暖了别人，却累死了自己。

我们不敢说实话，因为害怕得罪人，因为害怕自己令人失望。很多情况下，善意的谎言似乎成了一种必备的能力。因为没有能力承担诚实的后果，所以我们选择了欺瞒，或者选择了隐瞒。虽然我们有种种借口，如不想伤害别人，不想让领导生气，不想让妈妈担心，不想让男（女）朋友或老公（老婆）怀疑……种种打着不想伤害别人旗号的欺与瞒，其实最终都是为了让自己好过一点。

为了让自己好过一点，我们不停地向他人兜售幻觉。可惜所兜售的那些幻觉，总是离现实太近。我们所说的一些话太容易被拆穿——明天就给你结果！下周保证弄出来！下个月一定完成！就像我多年以前和妈妈承诺说我长大后要给她买最贵的貂皮大衣，可是我长大很多年了，连件像样的衣服也没给她买过，更别说貂皮大衣了。

为了让自己在心灵舒适区里待得更久一点，越是善良的人越不懂拒绝，然后面对承诺又只得拖延或者逃避，结果把自己活成一个笑话。

因为总想让他人高兴，总想得到他人最大限度的认可，所以我们在不懂拒绝后要尴尬地面对被拆穿的那一刻……

其实，只要不是以欺骗手段谋求纯粹的物质利益的人，都不会是恶意的欺骗者。每一个人每一天都在或多或少地说着动机不一的谎言，但多数时候，我们只是为了使事态平衡，使冲突放缓，使他人对自己减少些敌意，虽然这也是自私行为之一，却与"己所不欲，勿施于人"的道理不谋而合。如果你不想被他人伤害，那么就不要伤害他人，而欺骗最容易伤人。

不过，多数以"照顾他人感受"为借口的违心之言、违心之举，往往到最后伤人更深，有时比直接遭遇物质性欺骗还让人痛苦。因为，物质性欺骗牵涉的对象多半较陌生，涉及情感成分较浅，导致的损失也多为纯粹物质性或经济性损失；而顾念他人感受的违心之言，其对象多半是较熟悉的人，涉及的情感成分较深，造成的痛苦则多为精神上的愚弄，重则可以导致一个人对你的好感完全崩溃。你费了九牛二虎之力取悦他人，最终却辜负了他，得到的自然是他的不满甚至怨恨……

　　之所以出现这种情形，是因为我们最初不敢拒绝。如果我们希望未来的生活不那么失控，我们就要学会诚实，不要因为害怕他人否定自己的价值而轻易承诺或不懂拒绝，无论对方是谁。我们要面对最真实的自己，接受自己是个普通人的事实。如果对自己都不诚恳，又何以善待他人？

　　做人一定要学会拒绝，如果你不会，那别人就可能拼命对你提要求。你会慢慢发现，你需要操心的事情越来越多。为什么别人谈恋爱都是享福，偏偏你就给人当妈？为什么周围的人都能当甩手掌柜，偏偏你就要都扛起来？不要成全了别人，恶心了自己，学会拒绝别人，也尊重别人的拒绝。

请守护好你的亲密距离

在人际交往中，保持适当的距离很重要。距离，有时间距离、空间距离，也有心理距离。有时候，两个人距离太近，彼此就会知心透肺，知根知底，对方的隐私一览无余。其实，了解对方的隐私太多，不见得是好事。

有些时候，不给对方一定的空间，不懂得保持适当的距离，甚至会给自己带来危险和灾害。试想，谁愿意做个透明人，哪个人愿意自己的缺点和不足被他人透视？朋友之间的亲近和形影不离，并不影响距离之美，关键是要调节好彼此的心理距离，不离不弃，忽远忽近，虽远犹近，这就是距离之美。

不知道怎么保持距离的人，就不会懂得如何保护自己。三国时的杨修才华横溢、恃才傲物，就是因为不知道收敛自己，不懂得与曹操保持一定的距离，锋芒毕露，最终落得个人头落地，抱憾九泉，一代能人奇士，不叱咤风云，抛头颅于疆场，却被自己的主子杀害，为后人所惋惜。

人和人相处是一门学问，要做得好一点真的不容易。离得太远了，关系就淡了；可靠得太近了，恩恩怨怨就来了。不必靠太近，各自都有各自的生活；不必离太远，在自己的生活圈内还得有所交往。距离产生美，其实就是彼此尊重、彼此珍惜。

人生如尺，要有度。感情如面，别越界。人和人相处，一定要把握好度，关系再好，也不要走得太近，否则最后也只能渐行渐远了。孔子就说："唯女子与小人难养也，近之则不孙，远之则怨。""近之则不孙（通'逊'）"几乎是人际关系的一个规律，太近了，没有距离，谁都会被惯成或逼成小人，彼此不逊起来。要做君子，就必须远小人，要怨就让他去怨吧。而真正的君子，对于适当的"远之"是不会怨的。

大学刚毕业的杨明找了一份广告设计的工作，由于刚刚毕业，自知没什么经验，需要公司前辈们多多帮助，所以，杨明进入公司之后表现得格外谦虚，对公司上上下下的人都百般热心，不论谁有困难，他都全力以赴帮人家解决。开始时大家都喜欢他，可是，一段时间过去了，大家便开始疏远他。

每次得到他的热心帮助后，被帮助者往往表现得很不乐意。为此，杨明很困惑。心理学家分析了杨明的困惑：对一个头脑清醒、身体健康的人来说，得到、付出都是自身的需要。人际交往中，这两种需要应该基本保持平衡，如果严重失衡，付出的远远大于得到的，或者得到的远远大于付出的，相互之间的关系维持起来是很困难的。像杨明那样，一味地付出，而不给别人回报的机会，就会给别人心理上造成压力，这种压力使彼此的关系失去平衡，愧疚感使受惠一方只能选择逃避。人际交往要留有余地，即使是好事，也不能一次做尽。

每个人的生命都属于独自个体，思想方式迥然不同，处事的方法各异，不认同并不意味着对个人道德品质的否定，这种情况下，就容易产生矛盾，而避免矛盾的有效方式就是保持适当的距离。这样，双方的关系就不因思想迥异而拉远。

保持一定的距离其实也是一种明智，进无忧，退亦无忧。历史上的范蠡就是一个聪明而潇洒的人。他辅助越王勾践成就一番霸业后就退隐江湖了，他看出越王是一个只可共患难而不可共享受的人，就与越王保持一定的距离，功成名就后就退隐江湖，改名换姓做起了生意人，成为后来名满天下的"陶朱公"。他曾说："飞鸟尽，良弓藏；狡兔死，走狗烹；敌国破，谋臣亡"，而文种不听他的劝告，贪恋功名利禄，一意孤行，最后落得个"蓄意谋反，赐剑自刎"的下场，这就是距离太近的祸害。

人与人之间交往的质量就是距离。掌握交往的学问，真是不易。好得一塌糊涂的两个人，如果过于亲密也会出现合久必分。你会发现，你和最要好的朋友之间也是有距离的。这个距离，不远也不近，不疏也不密，是一颗心对另一颗心的不绝欣赏，是一段情对另一段情的永恒仰望。

做人要有好品格

　　"人"字的结构只有一撇一捺，但是真正写好却非易事。一画朝天，两笔踏地，意为顶天立地。做一个好人不见得非得顶天立地，但起码要对得起良心。如果你是一个受人尊敬的人，那么，你应该三思而行，远见卓识，深谋远虑。

　　品格是一个人最高贵的财产，它构成了人的地位、身份和信誉，它比任何财富都更具威力，它能长久地保障你的荣誉与幸福。

　　一个人的品格比其他任何东西都更显著地影响别人对他的信任和尊敬。要想成为一个真正的成功者，必须摆脱投机的心理，注重自己的品格。

　　2000年12月17日，在英国的曼彻斯特城，英格兰超级足球联赛第十八轮的一场比赛在埃弗顿队与西汉姆联队之间进行。

　　比赛只剩下最后一分钟时，场上的比分仍然是1∶1。这时，埃弗顿队的守门员杰拉德在扑球时扭伤了膝盖，球被传给了潜伏在禁区的西汉姆联队球员迪卡尼奥。

　　球场上原本沸腾的气氛顿时静了下来，所有的人都在等待。

迪卡尼奥离球门只有12米左右，无须任何技术，只需要一点点力量，就可以把球从容地打进没有了守门员的大门，那样，西汉姆联队就将2∶1获胜，在积分榜上，他们因此可以增加3分，而埃弗顿队之前已经连败两轮，这个球一进，就将是苦涩的"三连败"。

在几万双现场球迷的目光注视下，我们的迪卡尼奥把球稳稳地抱到怀中……

掌声，全场雷动的掌声，如潮一般滚动的掌声，把赞美之情献给了放弃打门的迪卡尼奥，或者说，掌声是献给迪卡尼奥所体现出来的崇高的体育精神——公正、和平之外，还有友谊、健康！

我国传统文化有很多夸大道德作用的名言警语，比如"子欲为事，先为人圣""德才兼备，以德为首""德若水之源，才若水之波"。

才能当然很主要，但道德比才能更主要。"人才"二字，人在才前，如果不加强自身的道德素养，哪怕才高八斗不能服务于社会只能称得上毒药。道德，是人真正的最高学历，是才能发挥的根底。

人生路上道德比才干更可靠，"德者才之王，才者德之奴"，有德而无才，不外是一个粗汉，有才却无德，则会酿成一个善人，才学、智慧得到优良道德的把握，会酿成一只猛兽。

曾国藩在给弟弟的信中屡次说起道德的重要性，他说：

"今日进一分德，便算积了一升谷。"在用人方面，曾国藩也特别重视官员的道德。

以德为本的德，就是道德。道德有两个方面的含义：道，即天道。是天地万物的本源，是天体运行的轨道，讲的是宇宙观、世界观、宇宙万物运行的客观规律，讲的是自然科学；德说的是功利，也叫功德，也就是说做人要以品德至上，以德为本。高尚做人是做人的根本指导思想，也是做人的行为准则。我们做人就要站得高，看得远，以社会公德、职业道德和家庭美德为着力点，从实践开始，用行动兑现。

中国是一个历史悠久的文明古国，礼仪之邦。我们每个人都要内修品德，外树形象，都要严格要求自己。我们不仅要在着装仪表上体现中华民族的风范，更要在心理素质上体现中国人高尚文明的气质风度。

做人是一门学问，是人生的一门必修课，需要人们天天学。人们只有学好了，才能成为一个真正的人，一个高尚的人，一个顶天立地的人。我们的人生才会变得更加精彩。高贵与低贱就在我们的一念之间，我们要在点点滴滴的生活中保持一种愉快的心情，用一种平常的心态面对这个世界。由此可见高贵的人品离我们并不遥远，它在于一种良好心态的默默坚守。我们不妨把自己看成天上一缕淡淡的白云，在困乏之中平静自己，独辟一片雅闲的天地，人品贵自在其中。

你当坚强，而且善良

做一个善良的人其实很容易，难的是你始终都坚持善良，但是希望你会一直都这么善良。

玛莉·班尼是一位乖巧的小女孩。有一天她给《芝加哥论坛报》写了一封信说，她实在搞不明白，为什么她每天帮妈妈把烤好的甜饼端到餐桌上，得到的只是一句"好孩子"的夸奖，而那个什么都不干只知捣乱的弟弟，得到的却是一个甜饼的奖励。

玛莉问："这样的上帝公平吗？"

她得到的回答是："上帝让你成了一个好孩子，那就是对你最好的奖赏。"

今天，时常也会有人问：善良有什么用？世界公平吗？我是不是可以选择不善良？

基于同样的道理，如果你的世界充满冷漠，有无法躲避的恶围绕在身边，你需要的不仅是自己的坚强，还有心怀善良。

晓琳与小华在同一家公司上班。晓琳其貌不扬，虽有一定的工作能力，但是好像职场不顺，干了多年依然未能升职加薪，每天按部就班地工作，拿着不多的薪水，过着平淡的日子。小华与晓琳共事不到两年，便果断地抓住了机会，到另一家公司做了主管，走向了高薪阶层。因为是同行，他们不时会在某场应酬中相遇，瞅着原地踏步的晓琳，小华有时会善意地提醒她尝试到其他公司去做高管。

其实，早有竞争对手看中了晓琳的才华，不止一次提出邀请，晓琳想都没想就回绝了。不是她不缺钱，而是她始终记得自己刚到北京时漂泊无依，四处碰壁，是现在的老板破例录用了她，并在她一次次搞砸工作时不冷言指责，而是帮她分析原因、找到对策。现在她之所以未能拿到与能力相匹配的薪水，是因为公司正处于困难期，所以自己决不能跳槽。因此，无论诱惑多大，晓琳依然不为所动，日复一日地守在原地，干着越来越多的工作，拿着一成不变的薪水。

一晃两年过去了，晓琳所在的公司在美国上市。这天，晓琳的老板刚从美国回来就径直走到她面前，递给她一份设计部经理的聘书，不仅让她连升三级，还要给她股份。好事临门，她一时蒙了。待反应过来才问老板缘由。一向不苟言笑的老板笑了："因为你的善良。"小华听闻后悔不迭："早知有今天，我也会咬咬牙在那儿熬上几年！"

事到临头时，我们心中难免会不由自主地生起种种情绪以及联想，会用以往的经验做出各种预判。结果深谙世故的人，会在猜测、揣摩他人的想法中惶惶不安，最终却发现其实世界并不像他认为的那般运转。

不必总是猜测他人的想法。每个人经历的事都不一样，每个人的需求都不一样，我们不能代替他人思考，也无法代替他人感受。同样，别人也无法代替我们思考，也无法代替我们感受。所以，我们得明白：无论你怀着多大的善意，仍然会遭遇恶意；无论你抱有多深的真诚，仍然会遭到猜疑；无论你呈献得多么柔软，仍然要面对刻薄；无论你多么安静，只想做自己，仍然会有人按他们的期待要求你；无论你多么勇敢地敞开自己，仍然会有人虚伪地对待你。接纳这个事实，你也许可以放下计较，活得从容。即使我们会被误解、被曲解、被冤枉，也可以放下一切不安，让内心笃定。

无论如何，每个人的人生都是属于自己的，你的善良受你自己的支配、由自己决定，而且一定要相信，善良会给你带来好运。

不自怨自艾，让自己活得精彩

一些走向成功道路上的人总有那么一段沉默的时光。那一段时光，是付出了很多努力，忍受孤独和寂寞，不抱怨不诉苦，日后说起时，连自己都能被感动的日子。每个人的人生，只有具备强大的内心，才能把生活看得清，选择最好的活法。

人生的路，靠自己一步步走。真正能保护你的，是你自己的选择。那么反过来，真正能伤害你的，也一样是你自己的选择。

小蕊高中的时候在外地念书，本地学生有一个个的小圈子，如果不融入，她会被孤立，所以她选择委屈自己去讨好他们。可是不管怎么努力，就是有人看不惯你，有人排挤你。

一次，刚走进教室，她就发现一个同学在翻她桌上的卷子，然后把她的卷子扔到了地上。因为教室的前面墙壁上贴了一张名单，那是班级的考试排名。小蕊排在第一，而那位同学排在第二。后来，她连续几次发现，那位同学连同别人排挤她。后来每次考试完发卷子，不管她考得好不好，那位同学总在背后讽刺她。而小蕊还要装作不知道，一个劲地想和那位同学改善关系。

再后来，听说老师在他教的另外一个班里拿小蕊的作文当范文，那位同学又到那个班的同学那里，开始各种小动作，全是恶意中伤。

小蕊真不明白，一个十几岁的女孩子，为什么会有这种恶？而那群念书念得不错的同学怎么也就信了呢？有一次走在路上，小蕊听到后面有人说自己坏话，她本想装作没听到，但是大概是那一刻顿悟了吧，小蕊居然转过头质问她们。然后她们落荒而逃，据说在教室里还哭了。

不知道为什么，那一刻，小蕊突然觉得特别开心。后来又到考试发卷子的时候，同班那个女生又故意跑来讥讽小蕊，说老师偏心才给她高分。小蕊拉住她说："我现在是第一，高考也会是，你再不喜欢我，也考不过我呀！"那个同学哭着跑了出去，好久之后才回到教室。

然后小蕊自然就又开始被孤立了，同学都在说小蕊欺负人。可是小蕊突然就想通了，随便你们吧，反正你们去上你们的大学，我会去上我的大学，那时你们就再也烦不着我了。整个高三，只有小蕊吃胖了。高考完那天，老师突然叫住正准备跑出校门的小蕊，看了她几眼，淡淡地说："你胖了。"

虽然那样的场景很有喜感，但是当时小蕊突然就哭了，真是憋的。大概是她发现，在这个世界上，你再努力，也有人会不喜欢你吧。所以，那一刻她做了一个决定，人这一生太短了，再也不想仅仅过给谁看。

生活如同战场，到处都会有破灭的梦想、支离破碎的希望和残缺的幻想。在与生活的战斗中，很多人会伤痕累累，甚至会败下阵来。然而，人终究活的是自己的选择——再微小的努力，都会让自己的人生变得更精彩一点。

不将就的人从不会顾影自怜，从不会自怨自艾，对那些没有遭遇苦难的幸运儿也丝毫没有嫉妒之心。因为从生活的困苦中挣扎出来的人，拥有的是实实在在的生活。他们已斟满生活这杯酒水，个中滋味自己深知。

因为在年轻的时候，眼睛被泪水洗净，所以才有了广阔的视野。

美国女作家桃乐丝·迪克斯说："我比谁都相信努力奋斗的意义，甚至懂得焦虑和失望的意义。我不会伤感，不为昔日的烦恼流泪。生活的艰难，让我彻底接触到了生活的方方面面。"

桃乐丝命运多舛，年轻时不但贫困，而且还患有严重的疾病。当人们问她是如何渡过难关，成为著名的专栏作家时，她给出了非常精彩的回答：

"度过了昨天，就能熬过今天，我不允许自己去猜测明天将会发生什么事。

"我也学会了不要对他人产生过高的期望，这样一来，无论是朋友对我不忠，还是有些闲言碎语，我都会一笑置之，并且继续与他们保持交往。除此之外，我还学会了幽默，因为令人哭笑不得的事情实在太多了。当一个女人遇到烦恼时，不仅不焦虑，反而能自我排解，那么世界上就再也没有任何不幸可以伤害她了。

"对于人生的种种困苦，我从不觉得遗憾，因为透过那些困苦，我彻底了解了生活的每一面——这一点就值得我付出一切代价。"

要积极向上地面对这个世界，决不将就这个世界对你的吝啬。与感伤相比，我们更需要积极奋斗。唯有这样，才能过好自己的生活。无论是你的生活、工作、学习，还是内心出了问题，都要相信自己能够面对，这样，所有事情才会变得井然有序。

在那些困苦的环境中，人更能学会宝贵的人生哲学，这是那些生活在舒适环境中的人所学不到的。一个经历了极度不幸的人，面对服务生服侍不周或是厨师做坏了一道菜之类的小事时，都会毫不在意。

现实就是这样，生活就是这样，我们彼此都有自己的生活，过好自己的生活才是真正的生活！

Chapter 2

不懂善良，就容易被伤害

你是否已经被你的善良伤害

做人，不要毫无原则地善良。凡事都有一个尺度，要掌握好分寸。没有边界的心软，只会让对方得寸进尺；毫无原则的仁慈，只会让对方为所欲为。善良与宽容，是一个人最宝贵的品质，却也是最容易受伤的弱点。你的善良会让对方步步紧逼，你的宽容会让对方得意猖狂。

小羽打电话给原来的同事，同事说："真想念你啊！你走了，天这么热，都没有人给我带可乐了。"这样一句话让小羽的心情跌到了冰谷。

小羽刚进公司的时候，为人热情大方，谁都喜欢找他帮忙，而小羽从来都是来者不拒。平时他总是早早地就到了公司，收拾办公位，打扫卫生。听到谁说一句"没吃早餐，好饿呀"，他就会主动拿出自己的饼干送过去。有时，节假日还会帮同事收快递或者处理工作。炎炎夏日，他经常带些冰镇可乐来公司分给大家喝。

随着工作渐渐增多，小羽无法再像以前一样帮同事们了，抱怨便随之而来,有的人还当面开涮:"小堂堂,赶紧去仓库领一包打印纸来,我们等着用。"碍于情面,小羽还是默默地照做了。

再后来,主管开始吩咐小羽干一些本职工作之外的事儿,比如去车库帮他搬东西。结果,小羽刚出办公室大门,就被出差回来的经理撞了个正着。经理问小羽去干什么。为了不给主管添麻烦,小羽就说去购买办公用品。结果经理不知从哪里知道了事情真相,就把小羽叫去办公室训了一顿,说他身为人事部行政人员,连"诚信"二字都做不到,又怎么能管理其他人呢?

小羽无言以对,递交了辞职申请,背着"好人"二字的他,丢了工作。

身在职场,很多人也会遭遇类似有苦难言的事。上司把很多跑腿的事情交给你,你会纠结他是重视你、跟你亲近呢,还是觉得你好说话?同事故意拿话刺激你,你会想他是觉得你宽容、不容易生气呢,还是在利用你的好欺负发泄他的愤懑?

有时候,你甚至会怀疑自己:说得好听点,是性格好、没脾气,说得难听点,就是心太大、没主见。你在任何场合都示人以微笑,人家可能觉得你没个性,下意识地就开始轻视你。你对朋友有求必应,放弃自己的安排满足他们的要求,等某次你应不了的时候,人家便觉得你不够意思,开始心里猜疑你。

你心无城府，多次借钱给同事也不好意思催账，结果他很快心安理得、习以为常，你倒是被逼入两难的境地——要钱，怕伤感情；不要钱，白白遭受损失。就像小羽，他那么容易被人指使，无非是因为错把无原则的宽容当胸怀，所以不懂拒绝。他无疑是喜欢通过照顾别人的感受来确定自己的存在感的那类人，所以往往既不好意思拒绝别人，又很害怕被别人拒绝。于是，心里想说"不"的时候，却言不由衷地冒出了"是"，生怕直接说出"不"，会伤了"自尊"，也对不起别人。

其实，"自尊"取决于我们是否能够接纳和喜欢自己。不愿意说"不"、害怕伤害别人的人，通常也会很在意被别人拒绝。这类人容易把"被拒绝"理解成别人对自己不喜欢、不重视，甚至不尊重，更糟糕的是随后也开始觉得自己似乎真的没有那么重要或者没有那么好。而这种拒绝激起的无力与无能感，让他们随之升起愤怒、伤心的情绪。他们总是宁愿委屈自己、成全别人，难怪会活得那么纠结。

这样委屈自己，强迫自己说"是"的背后，并非真正心甘情愿，而是隐藏着一个"你也不要拒绝我"的心理期望。因为害怕被别人拒绝，所以不敢拒绝别人。又因为身边的每一个人都希望得到不被拒绝的善意，于是我们开始失去原则，无底线地向身边的人和事妥协，甚至最后我们也会开始讨厌太过殷切地关心他人的自己。

就这样，你在人际交往的过程中，逐渐丧失了原则，被人发着"好人卡"，你越来越难以把握哪些事是必须坚持的，哪些事是可以宽容的。然后，不敢说"不"，不好意思说"不"，也不会恰当地说"不"，你被所谓本性的"善良"裹挟前行，变得拧不清事、没主见。

宽容不等于无原则，你应该有心胸，但也要守住底线。当你能够从容地拒绝别人，你就会知道拒绝大多数时候并不是有意伤害，相反只是诚实地表达自己的意愿。回想一下，不管是家人还是自己最好的朋友对你提出大大小小的要求时，你有说"不"的时候吗？有即便嘴上没说，但心里却很不乐意答应的时候吗？你是否认为，如果你拒绝了他们就说明你不爱或者不在乎他们吗？反过来想也一样，别人即使在某件事情上拒绝了你，并不等于他们不在意或不看重你，只是他们真的不愿意或根本无法做到。

人善被人欺，马善被人骑。虽然有些偏激，但也不无道理。倘若从一开始小羽就拒绝本职工作以外的事务，或许日常不至于吃力不讨好，可以在劳逸结合的良好状态下把工作做得更好。

逆来顺受，忍让不合理的行为不是善良，而是软弱无能，是毫无意义的退缩。在不合理的行为面前，做不到据理力争，起码也应学会拒绝，一味退让，没人感激，人家只会觉得好的事本来就应该归他所有，而受苦受累理所当然应该由你承担，习惯成自然，害了自己。

善良，每个人都应该拥有，但请有个原则、有个底线，预防变成软弱无能，敢于对不合理说"不"。

不要因为善良就无原则地纵容

心字头上一把刀为"忍"，而且还是把会戳破心灵的刀。这种大事化小、小事化了的忍让一直是中国的传统，忍让被用来衡量人的意志，能忍让的人会被认为是强者。忍让真的能让人成为强者吗？答案当然是不能。因为一味地忍让就变成了纵容。

一味忍让，意味着丧失原则；一味忍让，意味着没有人格；一味忍让，意味着软弱可欺；一味忍让，意味着面临步步紧逼的危险。我们生活中、工作中最大的困难，往往不是来自技术上的问题，而是来自人际交往中的一些棘手问题。这个时候，善良如你，很可能选择退让，选择委屈自己，选择宁愿自己受累也要成全他人。

然而，时间一长你会发现，单方面的忍让、妥协对改变你的现状并不管用。你发现用这样的方式去经营人生，只会让对方更加得寸进尺。

赵霞是某公司老总的女儿。刚刚大学毕业的她不愿意进入爸爸的公司接受庇护，她想先去其他公司好好锻炼一下，在自己真正有能力之后再进入爸爸的公司接受更高的职位安排。

爸爸对女儿的想法表示赞成，赵霞通过爸爸朋友的介绍去面试了几份工作，最后进了一家公司。在开始的一两个月里，赵霞的部门经理，也就是她爸爸的朋友，对赵霞很是照顾，再加上赵霞确实很有能力，因此赵霞工作得舒心而快乐。

然而两个月之后，原来的经理升职了，来了一个新的部门经理。这下子，赵霞的日子不好过了。新经理刚上任还没有几天，就调赵霞去做没人愿做的苦活，把赵霞折腾得够呛。她实在不能忍受，就想辞职。但转念一想，自己找到这份工作着实不易，前任经理又对自己器重有加，更重要的是这份工作是自己喜欢的，能够使自己得到锻炼。如果现在卷铺盖走人，会令爸爸和前任经理失望，也正中了现任经理的下怀。

想到自己当初的豪言壮语，她觉得不能就此认输。不过她清楚自己不能再容忍了，必须采取一些行动，使自己在部门有立足之地。有一次，现任经理把自己的一份文件弄丢了，结果却不知怎么在赵霞的办公室里找到了，于是现任经理借机找她"谈话"。这次，经理大吃一惊，他没想到赵霞竟然拍案而起，对他说："在没有调查清楚事情的真相之前，我希望你不要如此定论。同时，我还要说，首先我没有拿你文件的时间和动机；其次，你无权未经允许就翻员工的物品；最后，我要正式申诉，大家都是一样的工作时间，你给我安排的工作量却比其他同事多出好几倍，这不合理，我保留向公司申诉的权利。"

经过这么一吵，现任经理虽然怒不可遏，但赵霞说得句句在理，他只得忍气吞声。从此，**他对赵霞的态度开始有所改变**。接着，赵霞决定以自己的实力赢得经理的尊重，时时事事都做到精益求精、好上加好，让现任经理无可挑剔。如此一来，赵霞的业绩进步神速，接连做了不少优质项目，连原本对她不是很熟悉的公司总裁见了她，**也总是面带微笑和她打招呼，并不忘鼓励她几句**。

面对现任经理对自己的百般刁难，**赵霞刚柔并济，既不懦弱也不自傲，而是在隐忍中待机而发，通过自己的努力维护自身的利益**，一举成功，既让上司知道自己的隐忍，也让上司知道了自己的底线，一切都让他掂量着办。这就是一种自我保护式的与上司相处的智慧。

也许，你也曾傻乎乎地以为善良就是一切为别人着想，自己的一切都可以放弃，自己可以受委屈，而对方终归会理解你甚至被你感动。而事情并非如你想象。没有底线的善良、宽容、退让，其实就是纵容，会让对方得寸进尺，最后把自己逼到墙角。

三毛说："有时候我们要对自己残忍一点，不能纵容自己的伤心失望；有时候我们要对自己深爱的人残忍一点，将对他们爱的记忆搁置。"

从前，有位母亲非常宠爱她的儿子。有一次，她的儿子从邻居家偷来一根针，对母亲说："我偷来一根针，给您用来做衣服。"母亲就夸奖他，说他很懂事。之后，她的儿子又从外边偷来一只鸡，说是给母亲补身体。母亲继续夸奖他。之后，她的儿子不断从外边偷来各种的东西，母亲照样夸奖他。再之后，她的儿子成了杀人越货的强盗。在她的儿子被抓，要被砍头的那一天，她的儿子提出一个请求，希望能够跟母亲说最后一句话。母亲含着眼泪过来了，她的儿子又说："母亲，附耳过来。"母亲刚刚把耳朵贴过去，她的儿子一口就把母亲的耳朵咬掉，并对母亲说："如果不是你一味地溺爱、纵容，我怎么会走到今天？"母亲听到这句话，后悔也已经晚了。

这是古时候的一个故事。从故事中我们看到，无原则的纵容可以使一个好人变成强盗。故事中那位母亲的遭遇也让人唏嘘感叹。然而，现实之中，人们总是在不断重复这样的故事。

有一位母亲，为孩子伤透了心，她不得不去找心理问题专家。专家问这位母亲说："孩子第一次系鞋带的时候打了个死结。你是不是不再给他买有鞋带的鞋子？"母亲点了点头。专家又问："孩子第一次洗碗的时候弄湿了衣服，你是不是不再让他走近洗碗池？"

这位母亲说是。专家接着说："孩子第一次整理自己的床铺，整整用了1个小时，你嫌他笨手笨脚……对吗？"这位母亲惊愕地看了专家一眼。专家又说道："孩子大学毕业去找工作，你又动用了自己的关系和权力……"

这位母亲更惊愕了，从椅子上站起来，凑近了专家说："你怎么知道的？"

专家平静地说："我从那根鞋带知道的。"

这位母亲说："那我以后怎么办？"

专家说："当他生病的时候，你最好带他去医院；他要结婚的时候，你最好给他准备好房子；他没有钱时，你最好给他送钱去……这是你今后最好的选择。别的，我也无能为力。"

这个专家道出了这位母亲为什么会被孩子伤透了心的原因，很多时候，纵容会成为一个温柔的陷阱，让自己陷入依赖中不能自拔。而母亲无形中就成了他的支柱，而这个支柱是可怕的，它会让孩子找不到生活的方向，而母亲付出的一切，都不得孩子的欢心，甚至成为他们成长路上的绊脚石。母亲为此也会痛苦。

亲情的无原则纵容，带给彼此的是痛苦。在生活中，如果我们一味地忍让，很容易让人感觉到这是软弱的表现。一个软弱的形象很容易被人瞧不起，进而导致在以后的交往中容易被更多的人轻视、欺侮。有的人确实在性格上天生温和、善良，但要注意从维护自己的形象和利益出发。心里要清楚，对什么人可以忍让，对什么人却不能忍让。

　　一味地忍让还容易让人没有主见，分不清是非。在忍让的同时，总会在是非问题上做些妥协，久而久之，你会发现有些时候自己也搞不清到底什么是对，什么是错。如果在原则问题上一再忍让，有时会害了自己。犯了错误，甚至以身试法，自己还蒙在鼓里。

　　一味地忍让很容易压抑自己，放纵别人。很少有人能非常轻松地、愉快地一再忍让别人。大多数情况下，在心里总要做一番斗争。忍让的次数越多，越是痛苦。这种压抑的心情会带来很大的副作用，最大的不利是损害健康。同时也放纵了别人，其实也是"害"了别人。一般来说，别人是不会把一再忍让当作适可而止的信号，相反却容易得寸进尺。妻子对丈夫越轨行为的一再忍让，只会使丈夫为所欲为，变本加厉，甚至他会某一天突然认为这是正常的。母亲对儿子不良行为的一再忍让，会使不懂事的孩子误入歧途。一再忍让可能导致最终结果的不可收拾，让人后悔不已。

　　所以，我们要有自己的原则，忍让一次是气度，多了就变成软弱；不要对谁都特别好，好像让你帮忙随叫随到一样，一次是仗义，多了就变成理所当然，别让你的善良成了为人处世的缺陷。要知道，好好生活的前提，首先别委屈了自己。

懂得给别人留后路有多重要

朋友大秦下班回家，在开车的过程中不小心把水溅到了一位路人身上。大秦赶紧下车查看，并拿出纸巾帮对方擦拭，但路人却不让大秦擦，嘴里还不停地说着脏话。

因为是自己的错，大秦再三道歉，但是这位路人依然不依不饶。两人争执了很久，路上看热闹的人越来越多，有起哄的，有替大秦说情的，但是这位路人铁了心，非得让大秦赔偿损失。

万般无奈的大秦只好拿出了100块钱，但没想到对方竟然嫌少，大秦说尽了好话，但是对方就是不让他走。僵持了一会儿后，大秦彻底火了，他对路人说："**既然敬酒不吃吃罚酒，那就别怪我了。**"

人群中早就有人看不惯对方的德行了，在路人的帮助下，大秦狠狠地把对方揍了一顿，当对方反应过来的时候，大秦早已绝尘而去。

后来大秦和朋友说："真没见过这么得理不饶人的，虽然是我的错，但对方的行为让我非常生气。"

　　这世上有太多得理不饶人的人，他们总以为自己没有错就肆无忌惮地把自己的观念强加给别人，丝毫不懂得给别人留后路，最后僵持下来不仅害了别人，也害了自己。

　　懂得退让是一种智慧，聪明的人懂得给别人留条后路。把别人逼入绝境，最难堪的其实还是自己。

　　人生就像一场博弈，每个人的一生中都会遇到一些困难，我们要做的就是多体谅对方，不在道德上对别人进行绑架，处理好和谐的人际关系，所以无论做什么事情都要有一定的分寸。人生何处不相逢，说不定在人生的下一个路口，我们就需要别人给我们一条退路，或许就是那个你曾经给退路的人会给你一条后退的路。

　　以前看过一个故事，有一位僧人要经过一片沙漠，好心的村民提醒他在沙漠里遇到倒下的胡杨树苗就用力插一下，遇到快被淹没的胡杨树苗就要往外拔一下，一定要为后来人留下路标。但是当僧人遇到之后，心想："我反正就走一次，无所谓了。"他既没有插也没有拔胡杨树苗。在他走到沙漠深处时，突然间飞沙走石，天地一片混沌，那些胡杨树苗被暴风卷得无影无踪。僧人很快在沙漠里失去了方向感，他像个没头苍蝇一样在沙漠里乱窜，再也没有走出沙漠，其实懂得给别人留后路就是给自己留退路。

　　我们一直走在一条充满岔路的大道上，各种各样的人都会与我们有交集，在遇到事情后，一定要想法大事化小、小事化了，给别人三分面子，别人一定会对你满怀感激。

　　面对别人暂时的困境，我们不能落井下石，因为这世上的每个人都可能在意想不到的时候遇到一些难题，要学会给对方鼓励。

　　如果得理不饶人，事情或许会一发不可收拾，我们也会尝到自己酿造的苦酒。

　　人性都是渴望光明的，给别人一条退路对自己根本不会有伤害，在自己得理的情况下也一定要把握分寸，如果你不与别人为敌，那么别人又何苦与你针锋相对。

　　每个人都希望自己的人生之路畅通无阻，如果能给别人一条退路，那么一定会让我们的人生变得淡定从容。我们走的路不仅需要自己开辟，有时候还需要别人的帮助，只有这样我们才能顺利地走向人生的彼岸。

　　给别人一条退路，我们的心灵之路才会永远有一个通向安宁的出口。

　　如果可以，你一定要给别人几分薄面，因为这不仅能体现你的涵养，还会让你的人生之路更加光明。

如果你没主见，怎么寻得到自我

村上春树曾经说过："不管全世界所有人怎么说，我都认为自己的感受才是正确的。无论别人怎么看，我决不打乱自己的节奏。喜欢的事自然可以坚持，不喜欢的怎么也长久不了。"这段文字充分地体现了村上春树的自我意识，有自己的主见，人如果没有主见，会内心不安而感到迷茫，便可能一味的软弱，在众人的目光中倒下。很多美好就是这样断送在无谓的不安与软弱中。

上天抛给你的东西，用自己的双肩去承受，不管抛给多少先扛着，扛着的目的是为了让你的身体更加坚强，双臂更加有力。

在某个心理访谈节目上，一个女孩说因为自己长得丑，大家都看不起她，领导爱整治她，同事爱挑剔她。若是有同事在她背后交头接耳，她就会特别气闷，觉得人家又在嘲笑她、评判她。总之，全世界的人都和她过不去。所以，她最后的结论是：要去整容，要去隆鼻。但是整形过后，她依然感觉自己不美，内心十分痛苦。

　　其实这个女孩并不丑，至少看起来身材匀称、四肢修长、五官也算端正。唯一的缺陷是她的脸上缺少青春女孩应有的阳光，她的表情总带有一种委屈以及怨恨，让人看起来似乎带着一种奇怪的阴郁。只要她不是总紧绷着一张脸，稍加化妆让面部表情柔和起来，那么她的气质很可能会有很大的改变。

　　可惜的是，她的不安和由此带来的猜疑破坏了一切。比如，她说公司质检部的人总是故意挑她的错。质检人员的本职工作不就是挑错吗？她却认定那是人家在针对她，因为她长得丑。她又说，最气愤领导找她的麻烦。实际情况是，也有其他同事被领导批评，然而别人都能心平气和地接受，只有她总当"刺儿头"，一定要找上级领导投诉。

　　从她的表述中知道了她对自己的认知有问题，当期访谈节目上的心理学家决定和她做两个游戏。一个游戏是他与主持人看着她说悄悄话，让她猜测说的是什么。另一个游戏是"打人"游戏。于是，心理学家和主持人耳语了一番，然后问她："你觉得我们刚才在说什么呢？"女孩说："肯定是说我今天的穿着有问题……"

　　心理学家笑了："你听到我们说的话了吗？"

　　女孩说："没有。"

　　"那你听到过那些同事说的话了吗？"

"没有。"

"也就是说，你并不知道人家说了什么，但你却主观地认为，他们一定是在说你坏话。"心理学家继续解释道，"其实我们刚才讨论了过一会儿该谁请客吃饭的事情，然后主持人还说她注意到你的耳环挺漂亮的。"女孩觉得不好意思了。

心理学家接着说："其实，我们身边有人走过时，我们都会下意识地瞄一眼，但这不代表我们一定会去谈论这个被自己看了一眼的人。"

女孩听后，若有所思，"可是，很多人爱说我长得那么丑，还不会打扮……"

心理学家站了起来，说："我要打你。你要是过来，我就要打你。"然后他问："我打着你了吗？"

女孩摇了摇头，说："可是，如果你一定要打我的话，一定打得着。"

心理学家让女孩走到他身边，这下，他的拳头果然可以打着她了。

第三次，心理学家又不断做出要打她的姿势，但让女孩不要走过去，然后说："我要打你，一定要打你。"随后他又问："我打着你了吗？"

女孩摇了摇头，道："我明白了。第一次，你说要打我，没打着，是因为我没走过去；第二次，你打得着我，是因为我走向了要打我的人；第三次，虽然你说一定要打我，但是我不走近你，你就打不着我。"

心理学家又说："有些时候，别人确实会有伤害我们的心，但既然我们知道谁要伤害我们，我们为什么不退避三舍，反而要凑过去让自己受苦呢？别人说你外表不够美，你就一定要用他人的主观感受来评判自己吗？"

没有人有资格打击你，除了你自己。很多时候，有一些伤害，我们可以不自己制造；有一些伤害，我们可以不迎接。

我们所能得到的都是自己努力的回报。正如人们常说，如果有不幸，你都要自己承担，别人的安慰有时候于事无补。所以，我们没有必要一边忍受别人的打击一边独自难过，我们应该努力把自己的骄傲和快乐写在脸上。

当然，有的人确实是"事儿妈"，似乎不给人挑挑刺就没法证明自己的存在感。有个作家，总爱评判说谁谁谁整天写作也不能把自己写成莫言，写成郭敬明。这就好像人家连怀孕都没有，他就在那儿判断人家的孩子长大没出息，是不是太过武断了？这位"伟大的批评家"好像也没有写出什么惊世之作，连俗作也没见着一本呢。

面对这种人，我们实在应该惹不起躲得起，千万不要自己撞上去找不自在。我们生来必须接受作为社会性生物的一些社会关系上的束缚，但是，我们要学会用一部分的束缚去交换一部分自由，然后在这些自由里成长为更好的自己。

虽然成长必然充斥着伤痛，但不要因为自己的不自信，就假想他人是在批评自己，没有人肯定自己，让自己在各种关系中处于不利地位。

《万物简史》中有段很好的话：我们要做自己的主人，做自己的上帝。很多有益的，甚至只是自己喜欢的事情（不包括违法的），自己喜欢就好。"只要热爱，就已足够。"

如果我们做某件事时希望别人肯定自己，只能说明我们对那件事还不够热爱。

很多时候我们需要听取他人的意见，但这并不意味着我们一定要听信别人的说法。而且有的时候，你真的不知道，有些人是不是在胡说。

美国的著名女演员索尼亚的童年是在渥太华郊外的一个奶牛场里度过的。那时，她在农场附近的一所小学里读书，常常被同学欺负。有一天，她满脸泪痕地回到家里，父亲问她原因。她说："班里的同学都说我长得很丑，还说我跑步的姿势很难看。"

父亲听后笑了笑说："我能摸得着我们家的天花板。"

索尼亚听后觉得很奇怪，不知父亲想说什么，她停止了哭泣，问道："你说什么？"

父亲又重复了一遍："我能摸得着我们家的天花板。"

索尼亚仰头看看天花板，天花板将近4米高，父亲怎么可能摸得到？所以她怎么也不相信。父亲笑了笑，得意地说："不信吧？那你也别信你同学的话，因为有些人说的并不符合事实。"索尼亚明白了，任何事，都不能太在意别人说什么，要按自己的想法去做。二十四五岁的时候，索尼亚已小有名气，一次她准备去参加一个集会，但经纪人告诉她，由于天气不好，可能只有很少的人来参加，会场的气氛会比较冷淡。经纪人的意思是，作为新人，应该把时间花在一些大型的活动上，增加自身的名气，不必耗费精力去参加这样的小活动。

但索尼亚坚持参加这个集会，因为她承诺过要去参加。结果，那次雨中参加集会的人不少，而且因为知道索尼亚要来，参加的人越来越多，她成了当天真正意义上的大明星。

只有努力后你才会知道，有些事情再坚持坚持就过来了，你自己不勇敢，没人替你坚强。生活很现实，没人在意你一辈子，没人有义务对你好，没人有权利懂你的痛。能做到这些的只有自己，请擦干眼泪，忠于自己的内心吧，再用力地往前走，要相信不远处就是彩虹。

你是否已经被自己的善良伤害？

如果你没有主见，怎么寻得到自我？

没有伤害，难得成长

我们在生活中难免会遇到那些伤害我们的人，这些人从来没想过是为了让我们成长而伤害我们，但我们可以从这些伤害中反思所受的苦，并在这个过程中努力。曾经有一句话：不可以做朋友，因为彼此伤害过；不可以做敌人，因为曾经深爱过。它确实对应着许多现象。多少曾经的有情人，最后只能做最熟悉的陌生人。

没有一份爱是以伤害为目的的，但有很多的爱是以互相伤害为结局。很多时候，我们常常以为，对一个人的期待是爱，照顾一个人的生活是爱。所以，我们不断对一个人产生期待，不断要求他按照我们想要的那种方式去活；更多的时候，为了强化我们爱的感觉，就去做一些自己以为爱他的事，用身心俱疲的方式去取悦他。

诚然，这也是爱的一种方式，但这种方式只是我们想给出的。我们并不确定这种爱对方是否想要，甚至能否感受得到。情感需求的错位，在父母和孩子的关系中最为典型。比如，地铁里，一个满头大汗的孩子坐了下来，想脱衣服，但是他的母亲生怕他着凉，于是拼命阻止他。虽然孩子一再地说热，可是固执的母亲却说自己穿那么多都不热，所以他也不会热。而且大家都没有脱外套，所以他不可以脱外套。

这位母亲无视孩子满头大汗的事实，只按照自己的方式强硬地表达对孩子的爱。多么可怜的孩子啊！他受不了母亲的压制终于哭了起来，一边哭一边开始脱衣服。

母亲好说歹说，孩子就是不听，她止不住怒吼："你太淘气了，不知道脱掉衣服会着凉吗？"她为自己的一片爱护之心不被孩子理解而生气。

这位母亲没有想过，孩子有自己最真实的感受。一路走到地铁，他自然会热。母亲虽然确实是在关心儿子，但她的"教育"行为最直接的动因其实是出于害怕，而害怕孩子着凉这件事的实质，只是满足她自己的需求，而不是满足孩子的需求。

若爱他，不要让他按我们想要的方式来活，而是在尽可能地保护他安全的情况下，让他成为他自己。这样他才会快乐。否则，我们的爱不是爱，而是打着爱的名义，让爱变成一种伤害。于是你的蜜糖，变成了对方的砒霜。

这样的情形，在恋人之间也很常见，你一味地取悦他甚至为他付出一切，拼命要让他高兴，结果往往是自己身心俱疲，然而事情却没能朝你预想的方向发展。你以为自己付出了对方就应该如何如何，其实是你没有明白，这个世界是一个或然性的世界，只有愿意不愿意，没有所谓的应该不应该。

每一个人能决定的只有自己的行为选择。你选择在家做主妇、出门做贵妇，不是男友或老公爱你、疼你、给你钱花的理由。同样，男友或老公爱你、疼你、给你钱花，也不是你必须要在家做主妇、出门做贵妇的理由。

我们的意志不受任何人支配，我们也没有资格支配任何人。如果有需要别人满足的欲求，我们只能与他人协商以达成合作。比如，我们不能期望对方"应该知道"自己需要的是梨，所以在我们已经给了对方苹果的时候，对方就应该回报我们以梨。

人生的残忍之处在于，我们只能在有限的选项里进行选择，并且承担其任何变量带来的或然性的后果。选择了，就得承担，如此而已。

曾经有一名女士，当年由于男友太穷，选择跟他分手，然后嫁给了一个更加富有的人。不料婚后她发现丈夫生性顽劣，不仅喜欢寻花问柳，还时不时对她拳脚相向。由于自己没有独立生活的能力，所以没有勇气选择离开，日子过得苦不堪言，每天变着法子讨好丈夫，生怕哪里有一点没做好引起他的不快。

然后，她得知前男友也很快结了婚，没过几年，因为勤奋机灵，他生意越做越大，竟成了当地少有的富翁，比她夫家还要富有。她很为当初的选择后悔。

其实在这个世界上，一切都是个人选择的结果。而她之所以痛苦，是因为她将所有的依靠都建立在外界的给予而非内在的追求上。

《智慧书》里讲得非常好："当你谈论自己时，若不是为虚荣而自夸，就是因自卑而自责，你会失去对自己正确的判断，也会为他人所不齿。"

我想，所有关系中已经得知自己处于不对等地位的人，都应该好好思考一个问题，那就是你是否看清了在这段关系中彼此究竟想要什么。若不然，你应当停止用疲惫的身心取悦他的行为，别让你的爱成为对他的伤害，也别让他人以爱的名义来伤害你。

也许一些经历本身没有正面的意义，但让它变得有意义的是你的坚强。做你自己，因为伤害你的人从没想过是为了让你成长而伤你，真正让你成长的是你的痛苦与反思。

别没主见，别人的看法不一定就是善意

现实生活中，你有没有因为别人表露出一种不以为然的态度就改变自己的立场？你有没有因为别人的不同意见而感到消沉、忧虑？我们总是很在意别人的看法，当别人说"你这样做不好"时，会立马改过来，即使你的做法是正确的。其实如果太在意他人的看法，就总为别人的想法做出改变，总是担心自己做得不好，这样会活得很累。

你要知道，如果让那些给你建议或者指责的人，经历你经历过的事情，他不一定会做得比你更好，所以他们没资格评论你。但是，大道理谁都懂，怎么去做却千差万别。

刘伟是一个很在乎别人看法的人。上大学的时候，有一次他和朋友到江边的公园玩，因为事先看过天气预报，知道会下雨，所以都带了伞。下午快4点的时候，路过一条都是小摊小贩的商业街，突然下起雨来，做买卖的人群以最快的速度散开。

刘伟和朋友也很快躲到了路边的屋檐下，然后刘伟注意到在马路中间有一个没有腿的乞丐，正在努力地用手支撑着路面向对面的屋檐下爬去。雨顺着他破烂的衣服流下来，他的头发湿透了。他低下头，努力让自己少淋湿一些，然后用力地双手撑地。

刘伟当时的第一反应就是打开伞，可是当他想走过去的时候，却发现周围的人没有任何动静，他们平静地看着乞丐在雨中挪动，于是刘伟犹豫了。

"他们没有看见吗？"他询问自己的同学，想从他那里得到一丝鼓励。"要不要过去给他打一下伞？"他小心翼翼地问。

"不用了吧，大家都没有去，他一会儿就到了吧。"

刘伟退回屋檐下，收了伞，默默地低下了头。他没有去看乞丐，乞丐的确不久就到了屋檐下，雨也很快停了。只是那天晚上躺在床上的时候，刘伟总是睡不着，一闭眼，脑海里就浮现出乞丐在雨中低着头，努力用手支撑着向前爬的样子。

为什么不去给乞丐打伞？明明有这个想法的，为什么不去做？因为大家都不去，因为怕别人觉得自己很做作，因为害怕做出跟大家不一样的举动，因为太在意别人的看法。很多时候对我们来说，别人说什么似乎很重要，我们想别人会怎么看我们似乎也很重要，但重要的其实是我们要知道，我们独一无二的生活塑造了现在的自己，我们要有坚持做自己的理由，这个理由也只有我们自己才会知道。

那些所谓的别人对我们的看法，只是自说自话罢了。如果我们完全听信，那就活该我们自己纠结，然后自己受累。我很早之前就明白了一个道理，即"先己后人"，也许听起来很冰冷，但它会帮我们和这个世界更好地相处。

张莉曾经也过分在意他人的感受。上大学时，她不敢在寝室里哼歌，怕打扰室友。即使是大冬天，也坚持去阳台上打电话。如果晚上8点以后室友在的话，她洗完澡会到楼下楼管处的阿姨那里吹头发。

如果这些小事还能算在她体贴同学的范畴内，那另一些时候，这些习惯则真切地给她的生活造成了困扰。工作后她甚至不敢对半夜影响自己睡觉的合租室友提意见，只会跟男朋友哭诉。只要室友说她新买的衣服有什么不妥，她就不敢穿着新衣服出门。

她一度也很痛苦，觉得自己一直在努力善待身边的人，却没从身边人那里得到相应的善待。慢慢地，她发现自己的善意根本是多余的。她的室友会唱几个小时走调的歌，也会在客厅里大声打电话，早晨起来会在还有人睡觉的时候照样吹头发。

很多人不会照顾你的感受，而你也不必时刻迁就他人，谁都没有这样的义务。真的，太在乎别人，只会让你自己受累，特别是在二人关系中。

一天，一位著名的画家突发奇想，他想画出一幅人见人爱的画。于是等他画完画，他拿着它到市场上去展出。仿效着春秋时期秦相吕不韦修撰《吕氏春秋》时"一字千金"的做法，他在画旁放了一支笔，附上说明：每一位观赏者，如果觉得此画还有需要修改的地方，就请在相应之处做上记号。

修改结果让画家很惊讶，本来自己认为很得意的一幅画现在却被涂满了记号。事实上，没有一笔一画不被指责。画家很不解，以自己的实力不至于收到这么多批评吧？画家甚至开始怀疑自己的能力。在苦思冥想之后，画家决定换另一种尝试的方法。于是，他又画了一张同样的画，然后依旧拿着它到市场上展出。不同的是，这一次，他要每位观赏者指出的，不再是画的欠佳不妥之处了。与上次相反，他请每一位观赏者在他们认为精彩的部分做上记号。

修改结果同样令画家惊讶，这让他感到十分不解。原来，原先所有被否定指责过的地方，现在也都被做上了标记，不过这次是赞美的记号。

最后，画家充满感慨地说："我如今终于明白了一个奥妙，那就是：在任何时刻都要坚持自己，不要太在意别人的看法。因为，别人的看法永远是别人的看法，有赞美就会有批评，谁都无法让所有人都满意。重要的是有自己的主见。"

　　人是活的，是有主动性、能动性的。你需要主动去寻找快乐，主动运动，主动做你喜欢做的事情！不喜欢的人，不喜欢的环境，那就暂时避开吧。要对自己有信心，做自己认为值得去做的事情，轻松做自己。

3

Chapter 3

你当善良，到处播撒阳光

稳稳地把握住善良

随着年龄的增长，我们还能否保持那一份善呢？或许我们还有，也许我们已经没有了。虽然我们的生活中应对着杂乱多样的人性，但善良的力量依然很大。它是最美的雨伞，为他人撑起一片晴空。

小凡在北京做幼教项目，经常要赶早到全国许多城市跑业务。一天，他上气不接下气地赶上最早的一班列车，后背全湿透了。好不容易找到自己的座位，一位年过八旬的老大爷已经坐在那里。

"大爷，您不是这个座位的票吧？"

"嗯，走得急，买的站票。赶上哪个就坐哪个吧！"

"大爷，您到哪儿下车啊？"

"没多远，石家庄。运气不错，车都快开了，这个位置上还没人。"

小凡欲言又止，默默地离开，就让大爷安心地坐着吧。

人性中蕴藏着这样柔软而有力量的情愫——善良，可以让彼此缺乏信任的陌生人放下心中的戒备。正如罗佐夫所说的那样："感人肺腑的人类善良的暖流，能医治心灵和肉体的创伤。"善良是一种良知、一种本性，它立足于道德之上。

然而，在我们的生活中也会出现这样的一些场景。比如，老师给学生的评语是"他很善良"，没有想到，孩子的家长很是不以为意地回应说："现在这个社会里，善良有什么用啊？最没本事的人才善良呢！"

其实，不是善良不好，是我们今天对待善良的方式不对，以至于有一段时间，微信朋友圈被爱默生的名言——"你的善良，必须有点锋芒，否则就等于零"刷屏的时候，一下子就戳中了那么多人隐秘的痛点。

凤缨在证券行业工作，人看起来很温婉，可温婉当中却藏着一股力量。她做事认真，为人处世也异常得体。比如，遇到同事向她寻求帮助，她会先了解具体情况，然后说："我很想帮你，但我觉得要是我现在就帮你做了，真的是害你。这些事都是你必须要学的。所以，你可以自己处理，我相信你可以做到的。"

她说这些话的时候，态度诚恳，语气也十分真诚，同事听后绝不会怪怨她，反而事后很感激她。遇到有人向她借钱，一般情况下，她在不了解对方意图之前，会不紧不慢地说："这样啊，容我先回家和家人商量一下，好吗？"

等了解了具体情况之后，如果对方是想搞投资，她会回绝："抱歉，我对你做的投资实在不懂，我能拿出的这点钱，也实在起不到太大作用。并且，我们家里的情况你也知道，有老有小，必须要留储备金，没有余力帮你太多。我相信你也会理解的。"一般对方都不会再纠缠，也不会觉得面子上过不去。如果对方真的是遇到急事了，她会答应借钱。而且，她还会事先就跟对方讲好还款的期限和方式。她认为这样对自己、对别人都是负责任的做法。比如，我知道，她当初借钱给她在墨尔本的妹妹买车的时候，也是先帮妹妹做好了一个还款规划，告诉她什么时候应该换新工作，然后什么时间开始存钱，再在什么时间开始还钱。她认为这样既帮到了妹妹，也促进了妹妹的成长。

在上面的故事中，凤缨是一个靠谱的人，非常值得信赖，所以真遇到难事了都愿意向她求助。这样的结果，根本不同于我认识的那家人一味善意地帮人却费力不讨好。

所以，我们在生活中可以善良，但请不要无谓地善良。如果经过岁月的磨砺，你稍微修炼出一些锋芒，反倒可能游刃有余，更从容地生活。否则真碰上事，只能将自己憋成内伤。因为这个世界上，有太多让我想吐槽的低智商的所谓善良了。

比如，缺乏常识的所谓善良——好心的邻居老太太为生病的人推荐各种未加验证的"偏方"，心怀慈悲的人把陆龟带到公园的池塘去放生……比如，道德绑架式地强迫对方的所谓善良——马云这么富有，他就应该为××捐上几个亿；不过就是擦了一下他的豪车，他这么有钱就不应该让自行车主赔钱。比如，不同情受害方却只同情弱者的所谓善良——你有一个从不做家务、乱丢垃圾的娇气室友，你忍无可忍发飙后，有人过来劝你要对室友要宽容一点。

比如，用和稀泥的调解方式来表达"都是为你好"的所谓善良——某人的丈夫喝酒又赌博，还大男子主义，他有一天出轨了，却有人来劝她说"好歹夫妻一场，还是原谅他一回吧"。比如，无节制的帮助却起到反效果的所谓善良——"升米恩，斗米仇"，不愿将丑话说在前头，结果不断借钱给亲戚帮他们渡过难关，却在要账的时候与他们反目成仇。

……

做人要善良，但不要把自己的位置摆得太低。属于你的，要积极争取；不属于你的，也请果断放弃。不想做的事，不必勉强自己去做；忍了很久的事，不必一而再再而三地忍下去。

不要再让别人来践踏你的底线。一味地忍让或取悦，那不是善良，而只是你不想承认的懦弱。也别再昏睡不醒，做着别人不喜欢、不会感激，你自己做不好，也不爱做的所谓善行。只有挺直了腰板，世界才会给你属于你的一切。

如果你的生活只是对世界察言观色，然后满足于眼前的苟且；如果身边的人对你的存在总是忽视；如果你的被认同只能靠委屈自己去成全别人，那么请记住我要告诉你的这一句话：你当善良，且有力量。

当电视剧中有叛徒说"我虽然失去了尊严，但是到底我还是活着"，当你越来越多地选择明哲保身时，就不要怪你在别人眼中渐渐丧失了"立场"。"好好先生""为人nice（友好）"的评语，也许是朋友、同事对你的夸赞。本来你觉得这样也算不错，但是如果有一天，你得知马路上那个被追打的女人是你的妻子，校园里那个被围殴的孩子是你的儿子，你是不是还要再装睡下去？你是不是希望社会上这种"好好先生"少一些？

同"一屋不扫，何以扫天下"的道理一样，想要在世间行善，要从每一个细微之处着手，善存在于每一个细节，也体现着你做人待物的尺度。让自己的善良有些力度吧。

吃亏是福，但总吃亏哪儿来的福

吃亏也就是自身或财产遭受伤害、损失，而使对方占到便宜。什么是福？吃亏就是吃亏，吃亏就是少了，本来应得的没有得到。如果吃亏是福，那么世上根本就不会有"吃亏"这个词。那么为什么还有人认为吃亏是福呢？这是我们中国人的中庸之道，吃一堑，长一智。只是为了增加我们的社会经验，希望我们下次不要再犯类似的错误；抑或是退一步海阔天空，也只是给自己一个台阶下。

新柔过完大学生涯里的最后一个快乐生日后，开始寻找薪水优厚、前途美好的工作。如果顺利的话，她很快就会和男朋友买房结婚。对于年轻人来说，有情饮水都能饱，所以那时的她觉得天空蓝得没法想象，直到找工作的那天。那天，新柔与男友手拉着手进了招聘会现场，男友帮她投递了简历。这时，令人惊讶的一幕发生了，面试经理随手把简历丢在旁边的杂物堆里。新柔当即就来了气："你凭什么看都不看就丢掉我的简历？"

妆容完美的招聘经理，用职业化却明显带着轻蔑的语气告诉新柔，她作为招聘经理有资格随便处理应聘者的简历，不需要解释。新柔愤愤地站在台前不肯走，男友感觉十分尴尬。见两人不肯走，招聘经理瞟了一眼他们后，解释道："我不需要连简历都要男友帮忙投递的员工。"男友弯腰从杂物堆里捡起新柔的简历，交给她说："我到旁边去等你。你很棒，要相信自己可以胜任这份工作。"

新柔重新递给招聘经理自己的简历，对方接过后放在一沓文件上，开始收拾东西，同时告诉新柔："有消息了我会通知你的。"新柔拿出5块钱递过去说："不管有没有好消息，请都给我打一个电话。我很想得到这份工作。如果不能，也请把坏消息告诉我。这是电话费。"

招聘经理看了看新柔，有些诧异。新柔把钱放在桌面上，挺直了脊背离开了会场。

原本以为自己不可能得到这个工作，不料，一个星期后，招聘经理给新柔打来电话："周一来上班吧，就在我的部门。试用期3个月。希望你的工作能力可以与表现出的骄傲一样让人印象深刻。"像大多数要强、不认输的大学毕业生一样，新柔到了新单位把工作放到了生活中第一的位置。娱乐、男友、朋友、亲人都成了次要的。她要让看不起她的经理对自己刮目相看。

　　然而，现实却给她狠狠地上了一课。新柔进公司策划部两个多月，经理给她安排的工作尽是打字、打印、整理资料、冲咖啡之类的杂务，没有任何技术性的事项。尽管她已经很努力，但仍没有任何可表现的机会。周而复始的琐碎工作让她烦躁不安，她开始不那么用心了，每天懒洋洋地干一些事混日子。

　　经理看到新柔的懈怠，把她叫到办公室后丢给她一个档案袋："该学的东西你不学，不该学的牢骚你倒是有一大堆。与其花时间抱怨，不如试试做做这个案子吧。"档案袋中的资料是关于公司新近接到的一个大企划案的。新柔知道自己从来没有做过企划案，根本不可能独立完成任务，但经理却对她说："能做出来就继续在这里干，做不出来就赶紧走人。"

　　新柔听后真想拂袖而去，但是好不容易争取到这份工作，还什么成绩都没干出来，如果就这样轻易放弃了，短期内很难找到类似的平台了。没有退路，新柔只好逼自己在最短的时间里学会做企划案。为了掌握更多的专业知识，有很长一段时间，她都得加班到凌晨两三点钟。坐在幽静的格子间里，她能听到的只有敲击键盘声和自己的呼吸声。即便她想得出很好的创意，因为实践经验不够，最终也可能无法独立地完成一份漂亮的企划。但天道酬勤，多日的辛劳让她终于做出一份大致满意的企划案交给了经理。

　　结果经理把企划案按规范模式修改一遍后，署上自己的

名字提交给了上级，随后的项目解说会上该项目方案非常顺利
地通过，没有人知道方案的核心创意是新柔废寝忘食地做了整
整一周才做出来的。经理分明是明目张胆地欺负她这个新人。
但是为了不得罪经理，新柔再一次把怒火按了下来。新柔没有
想到的是，之后对方变本加厉，凡是棘手的难题，都交给她处
理，而且动不动就威胁她要是不愿意做就走人，这里不缺想来
干的人。

　　通过新柔的经历我们不难看到，虽说"吃亏是福"，但这
种说法并不完全准确。一则要看你吃多大的亏，有的"吃亏"
是要命的；二则常吃些小亏是可以的，对日后的生活有用，但
关键看吃亏之后有无反思、有无改观。如果一味地吃亏，哪儿
来的福？

　　所以我们在生活中要看清一个问题，在一些情况下吃亏根
本不是福。因为吃下去的所有的亏，既不会变成福也不会带来
便宜。给自己一个底线，能吐出来的亏，就别咽下去。那些无
可避免、无法挽回的亏，梗着脖子咽下去的时候，要好好地想
想值得吗？总结经验，争取下次不再出现，自己总会吃一堑长
一智的。该出汗该出力该拼命该委屈，做好自己。要知道，自
己的福不是吃亏吃出来的，而是自己努力得来的。

千万别企求付出就有回报

人和人毕竟是有差别的，有的人把自己的付出当成一种快乐，他的期望很简单，就是希望对方过得好，这也是一种回报，你过得好了，他想要的回报就达到了。还有一些人，对你付出是希望得到你对他同样的付出。滴水之恩，别人希望你用海来回报。比如樊胜美的父母和哥哥，用尽一切办法让樊胜美付出，甚至不惜一切代价去讨要！当你付出的时候，请一定要想清楚，你是希望对方给予你什么样的回报。如果处理不好付出与回报的关系，那么，你会感觉你的人生很憋屈，却又无法言说。

曾经有这样一句很有道理的话："永远不要为你所爱的人过多付出，除非你做得到永远不去提及。"这句话说得很好，我们很多人总是打着爱的旗号，理直气壮地控制他人。只要有一点争执，自觉付出更多的一方就会说"当初对你如何如何"……

唐玄宗时，安禄山发动叛乱。后来，随着形势的不利，安禄山的心情越来越坏，他开始随意惩罚身边的人，包括他最信任的谋士严庄和贴身侍卫李猪儿。

严庄是安禄山一手提拔起来的心腹。当初，安禄山发现严庄是个人才，对他礼贤下士，很快就把他安置在重要岗位上。他曾对严庄推心置腹地说："你是读书人，知道的道理比我多，你可以随时指出我的过失，我是绝不会怪罪你的。"

严庄受了安禄山的大恩，从此也一心报效，为他出谋划策，竭尽心力。他对朋友说："安禄山对我有知遇之恩，我就是为他搭上性命也报不完哪！大恩不可言谢，我现在只有默默地做事报答他。"

李猪儿原是一个归降的童仆，安禄山喜欢他的聪明伶俐，破例把他留在身边服侍自己。他给李猪儿许多赏赐，又给了他许多特权，随时都让他陪伴自己。

安禄山起兵叛乱不久，他的眼睛便失明了，身上也长了毒疮，他的情绪开始烦躁不安了。后来叛军进展不利，战败的消息接连不断，安禄山的情绪更坏，他杀身边的人泄气，平时总是大吼大叫。严庄劝他说："胜败乃兵家常事，不应该过于认真。虽然现在形势对我军不利，但是并不是不可以挽救的。"

严庄话没说完，安禄山就指着他骂个不停，说："我对你有恩，你就是这样报答我的吗？早知道你是个不中用的家伙，我就该把你一刀砍了，留你有什么用呢？"

他命人鞭打严庄，打得他皮开肉绽。这样的凌辱发生过多次，严庄从心里恨他入骨，只是表面还保持恭顺。李猪儿也经常无缘无故遭到安禄山的痛骂和鞭打，安禄山还恶狠狠地对李猪儿说："我不收留你，你早死了，现在我就算要了你的命也是应该的。"

严庄和李猪儿同病相怜，他们担心有一天安禄山会杀了他们，便串通安庆绪，三人合谋将安禄山杀死在床上。

安禄山自恃对严庄和李猪儿有恩，就无所顾忌地凌辱惩罚他们，而又不加丝毫防范，这是他对人缺乏了解的缘故。他施恩的用心并不真诚，严庄和李猪儿既已明白，他们当然会怨恨他了，对他不利便是很正常的了。

你的付出应该情愿，否则那就不要付出，千万不要把付出当作换取别人感情的筹码，因为这根本不会达到你所要的目的。而你也会因为达不到自己的目的而不断地抱怨，成为祥林嫂那样的人物。你会因为自己的善良而让自己的人生变成抱怨的人生，那将是多么得不偿失的事啊！

我们常说要对自己好一点，这种"好"可以理解为适度满足自己的需求。渴望别人对自己呵护和付出，也是一种需求，所以对自己好当然也包括欣然接受对方的付出和爱的表达。你值得对自己好，也值得别人对你好，这才是对自我的肯定。

　　长期单向的付出对于你而言不仅是对自我价值的贬损，其实也是对对方的轻视。也别担心接受付出就是亏欠，互相付出才是更加相爱的基础和动力，更何况，你有能力也有心意去回馈，不是吗？

与其抱怨，不如实实在在地争取

　　日常生活里，抱怨的人很多，有人抱怨生活不如意，有人抱怨事业不顺心，有人抱怨孩子不听话，有人抱怨婚姻不幸福。每个人都有抱怨的理由，而抱怨也各种各样，抱怨这，抱怨那，似乎这个世界没有不可以抱怨的东西。

　　我们抱怨生活，但是却不去改变，因为改变需要付出，付出时间、付出精力、付出心血，当我们已经习惯了当下的安逸时，我们便不想再去为了理想而追求。我们害怕吃苦，好逸恶劳从来就是人与生俱来的劣根性。我们更害怕付出之后依旧是竹篮打水一场空，我们不会关心在努力的过程中我们的生活得到了充实，我们的生命得到了丰富，我们想要的仅仅只是结果，切实得到的名与利。仅仅是人前的光鲜亮丽、鲜花和掌声。审视内心，变得缥缈而奢侈。

　　总挂在别人嘴上的人生，就是你的人生吗？你是什么人便会遇上什么人，你是什么人便会选择什么人。然而很多时候，你会面对一种困境：为什么别人这样做行，我做就不行？

于是，你总是抱怨不停。想成为一个什么样的人，就要朝着这样的目标去努力。李嘉诚讲得好：为什么你一直没有成就？因为你随波逐流，近墨者黑，不思上进，死要面子。因为你畏惧你的父母，你听信你的亲戚的话。你没有主张，你不敢一个人做决定。你观念传统，只想打工赚点钱结婚生子，然后生老病死，走和你父母一模一样的路。因为你天生脆弱，脑筋迟钝，只想按部就班地工作。因为你想做无本的生意，你想坐在家里等天上掉馅饼，因为你抱怨没有机遇，机遇来到你身边的时候你又抓不住，因为你不会抓；因为贫穷，所以你自卑你退缩了，你什么都不敢做……你没有特别技能，你只有使蛮力……诚然，我们如何行动，取决于我们对世界的解读。想得多，干得少，抱怨越多，成功越远。我怕你总是挂在嘴上的许多抱怨，将会成为你人生的全部。

人之所以会抱怨，原因有很多。其中，一种情况可能是因为被人使唤、身体没有自主权，或者受了别人的气，因痛苦而抱怨。一种可能是因为期待落空而抱怨。比如：妈妈希望孩子好好做作业，可孩子就是不听话；妻子希望老公能记住自己的生日，可是老公还是忘记了；婆婆希望儿媳能下班之后多做点家务，不要使唤她儿子，可是儿媳动不动就让她儿子代劳……建立在别人身上的期待被打破后，就会有抱怨，这是一种欠缺对外界控制权的抱怨。

还有一种抱怨是这种抱怨的衍生版，即希望破碎。一个辛苦供老婆读完博士的男人，没有得到老婆的恩情回报，却被迫离婚。一个终日为了丈夫而忙里忙外还被嫌弃的女人，得不到自己预期中的爱的回报……如是种种。

我们不会抱怨那些不会与自己发生利害关系的对象。比如，你不会抱怨住对门的邻居不理会你，因为你从来不跟别人说话；也不会抱怨邻居没有钱，因为他有钱无钱与你无关；更不会责备楼下超市的小姑娘在工作中偷懒，你不是她的老板，跟你有何利害关系？但我们肯定会抱怨男友的一些行为让我们为难，因为我们真的为难了；我们肯定会抱怨公司同事爱聊天，因为有时会影响我们的思考；我们肯定会抱怨父母不爱我们，他们总拿我们和别人做比较，打击我们的自尊或给我们制造精神压力；我们也肯定偶尔会抱怨送快递的送件延误，总是害我们白等，我们那么着急要看资料……我们还会抱怨衣服又小了，刀子又不好用了，下雪路不好走了……一切，都是因为与我们有直接利害关系，才成为被我们抱怨的对象。

然而，抱怨对改变我们的现状并没有什么用，你懂得这个道理，他也懂得这个道理，所以不要再抱怨了，也不要过别人嘴上所说的人生。也请远离那些喜欢抱怨、指责和发脾气的人，这样的人充满了负能量，只想把你拉到他们的感受里，而不是和你一起解决问题。

做个不挑剔、不抱怨的人，不要等到不可收拾时，才去后悔自己不仅浪费了情绪，还失去了自己在乎的人或工作。

我们是谁，取决于我们的行为正在让我们成为谁。当你发现你总是得到你不想得到的东西时，请站起来看看，自己是不是总在做与自己的希望背道而驰的事。当你发现自己的行为总是与自己的期待不一致时，请站起来看看，自己解读世界的方法是不是出了问题。

如果我们留意一下，我们会发现无论是电视还是电影，真正让人感动的，不是主人公很轻松地获得幸福，而是他们获得幸福的过程万般艰难，我们总为他们克服艰难的勇气和智慧所感动。幸福不是那么容易，他们可以幸福，是因为他们有着我们可能不太具备的克服困难的能力，可以经历我们都不愿意去体验的艰苦过程。而我们的满足，也恰恰来自于他们对一个个困难的克服上。

也许只有我们经历过后才能懂得自己最想要的是什么，但是生活没有草稿，不能够重新来过，漫漫人生，我们的每一个抉择都要我们去承担后果，一往无前不能回头，错过了就是错过了。请不要再抱怨生活，与其在抱怨中消亡，不如现在开始努力，点燃心灯，让它驱散我们前途的迷茫，给我们希望，努力去追求自己想要的生活吧！

你要发光，一定要努力

现实当中，有很多很多话，虽然很简单，但那只是嘴上说说，我们真正理解的却很少。很多事，用别人的眼光可以看出，哪里怎样哪里怎样，可是只有自己最清楚，在这件事情上，我能怎样做，只有经历了才会懂得，只有经历了才会刻骨铭心。奋斗的目标不一定都会实现，但是经历了、懂得了、记住了，那也是一种成就。

人生最可怕的是不知道自己要什么，或者人云亦云，或者依附他人，或者将别人的成功（财富、名气、影响力）简化成自己的目标（赚钱、出名、向上爬）。

然后以为这些就是自己想要的，拼命努力，却发现所有的结果都不是自己想要的，没有成为自己想要成为的那个发光发热的人。最后，既没能照亮自己的人生，也不能温暖别人的人生。人生苦短，别用不适合自己的生活方式害自己。虽然坚持自己喜欢的，不一定能很快成功；但坚持自己不喜欢的，一定很难成功。

但也有的人，工作换了无数个，却没一个能干得长久的。这个工作觉得琐碎，那个工作觉得无聊，这个工作觉得有难度，那个工作觉得心累。怎么办？其实这是一个缺乏基础能力的问题，不单纯是喜不喜欢的问题了。比如，有的人很喜欢当演员，可是由于没有演技，只能苦哈哈地跑龙套、当配角，他也会觉得很苦、很累。到这个时候，我们就要问自己，究竟是这个工作自己不喜欢，还是没有能力干好自己喜欢的工作？

很多时候，不是我们工作的行业不适合自己，而是工作的具体岗位不适合自己，我们必须经历过那些不适合我们的岗位，才能胜任我们喜欢的。

小毕一开始想做工程师，但是工程师有很多种，比如设计工程师、应用工程师、测试工程师、分析工程师等。按照他的专业方向，最适合他的职位是技术工程师。可惜的是，他被分配到了应用工程师的岗位上。每天跑上跑下，保存样品，做实验，做完实验后，还要拆卸检验。

这与他最初设想的工程师生涯非常不符，他每天都过得很沮丧、很纠结，每天都无数次地问自己，如何摆脱不利环境，冲出人生的阴霾。一天，他无意中听到公司高管对大家说的一句话："你们有这么好的语言环境，要好好和办公室的老外交流啊！"一语点醒梦中人，他决定以语言能力提升作为职场发展的突破口。

　　为了克服不敢与外国人交流的心理，他每天问自己怕什么，并对自己说，你只是小毕，别以为别人会在意你。说错了大不了被笑话，又不会死。如果不去尝试，永远不知道结局是什么。但是努力过，总会有收获，即使失败，也可以知道如何避免重蹈覆辙。

　　小毕开始行动。他先看中文版的工作内容，再看英文版的工作内容。把内容搞懂后，拿着英文版去找老外请教。问外国专家问题只是一个方式，学习专业性的知识和英语表达才是重点。他给自己制订了一个计划。每天上午问一次，下午问一次，每次两个问题，之后就回家自学，每天坚持学习英文和专业知识4个小时。

　　从一开始的不敢开口，到每次问问题时多听少说，再到后来的简单回应，他的口语能力逐渐提升，克服了对专业英文知识的恐惧。他的心情真是好极了，就算说到不熟悉的内容，他也不怕，因为他知道，英文只是交流的工具，讲不明白的时候，还可以做手势，实在不行，还可以写下来。他再也不去考虑其他同事的看法，有活就干，没活就找外国专家聊天，然后回家就写英文日记。

　　不久，由于职位变动，他成了一名测试工程师。后来，他又做了分析工程师。最后，他由于口语能力出众，跳槽到另一家企业做质量工程师时，得到了出国深造的机会。

由于他是少有的几个能到国外接受培训的人，那些技术标准他在之前与外国专家的交流中已经有所接触，于是，他又成了一名技术工程师。那一刻他明白了，那些年打过的杂、受过的苦，都只是为了今天给他成为一名技术工程师的机会。幸运就是努力学习，努力提升自己的能力，机会出现的时候，可以抓得住。如果我们今天不去尝试，不去勇敢地面对自己、提升自己，将来老去，必定后悔不已。

有一部电影，名字叫《神迹》。主人公叫维维安，在他生活的那个时代，他只能从事最低等的职业——维修工。他父亲是个木匠，所以他干得一手漂亮的木工活，如果他在木工行业奋斗下去，可能会成为一个了不起的木匠。若他如常人那样甘于平凡，甘于自己低人一等的阶级划分，那么，人工心肺的问世，可能要延迟好多年。如果他只想在别人给予的空间里挣扎着过完一生，那么，他可能只会是一个出色的木工。

不同的是，这个小伙子有着当医生的梦想——在那个年代，当医生还是白人男性的特权。

为了实现上大学的梦想，维维安在高中时期便开始存钱，可惜，他存了7年的学费，却随着银行的倒闭而分文无归。他靠做维修工、清洁工来维持最基本的生计。我们无法推测如果他那年顺利地上了大学，生活是否会更为顺畅得意，但可以肯定的是，那时去霍普金斯大学给心脏外科医生巴洛克教授当清洁工并不是那么坏的一件事，因为巴洛克教授发现了他的才能。

在最初的时候，巴洛克教授并不看好这个黑人青年，甚至不认为他干得好清洁工的工作，因为他的前任们无一例外地让教授失望过。但维维安很快用自己异常的灵巧和聪明证明，他不应该只当一个勤杂工，他应该穿上外科技师的外衣与巴洛克教授一起工作。

在两人合作的头10多年里，维维安完全是巴洛克身边一个没有任何名分的助理，干的是实验室研究工作，职位等级是清洁工。妻子的抱怨，金钱的匮乏，旁人的白眼，他全忍了，因为他太热爱实验室的研究工作了。

后来，维维安和教授一起研究法洛四联症的根治方法。这是一种先天性心脏疾病，当时的死亡率高达百分之百，患者会全身发蓝，所以也叫"蓝婴症"，每年有许多儿童死于此病，只有心脏手术能挽救他们的生命，但所有人都认为那不可能做到，因为在那个时候，心脏手术相当危险，何况患病的是儿童，心脏更脆弱。

救人性命是医者的天职，巴洛克和维维安不想放弃，所以在实验室从复制病情机理到寻找解决方案，然后层级递进，努力修正每一个错误。终于，他们通过分流技术，成功地在实验的小狗身上改变了血液的流向。

在之后的许多手术中，巴洛克没有维维安在身边，连手术都没法进行，因为他需要维维安站在身后的凳子上，在关键时刻指导和提醒他。

故事讲到这里，也许我们会认为这像一个普通的黑人与白人的友谊故事。但现实中，他们的友谊远不是好莱坞大片的套路，维维安根本无法出现在公众视线中。许多公开场合里，巴洛克也从来没有提过维维安的名字。维维安要扮成侍者才能出现在庆功宴会上，他听到巴洛克感谢了一堆人，却唯独没有提到自己。

一气之下，维维安离开了巴洛克。可是他太热爱实验室工作了，在外漂泊几年之后，还是回到巴洛克身边，走回实验室，几乎是完全不计名利，不计得失。

终于有一天，维维安和巴洛克的油画并肩悬挂在霍普金斯大学大厅的墙上。如果我们去百度搜获"Vivien Thomas"这个名字，你会了解他后半生的成功和获得的认可。那些都是必然的，因为他的行动成就了他的光亮与热量。

人生需要不停地奋斗。一个不懂得奋斗的人，注定成不了大事，过着浑浑噩噩、行尸走肉般的生活，犹如失去了灵魂后仅存的空空如也的躯壳，机械地重复着每天的生活，失去了生命的意义和价值。所以，为了不碌碌终生，我们需要奋斗终生。

与人为善，播撒阳光

与人为善是人生智慧。孟子说过："君子莫大乎为与人善。"强调了与人为善是形成和谐人际关系的基础。与人为善表达的是善良愿望，传递的是友好信息，释放的温暖情感，让人真切地感受到善良、友好、温暖的信号，并给予积极的回应。所谓授人玫瑰，手有余香。与人为善既向他人传递着友善信息，也从对方善意的反馈中集聚友善的正能量。友善的正能量对人的精神、生活、事业和健康无疑具有积极的促进意义，可以让人精神愉悦、生活快乐、事业顺利、身体健康。荀子说，积善成德而神明自得，圣心备焉。与人为善就是一种积善成德的人生智慧。

有一天晚上，孔子的高徒曾参卧病在床，病势严重，只剩下一口气了。他的学生乐正子春，儿子曾元、曾申在旁侍奉，有一童子坐在墙角拿着烛火照明。童子大概没见过什么世面，看到曾子身子底下的席子，不由得说：席子的花纹这样华丽、这样光泽，是大夫所用的席子吧？乐正子春忙制止说：不要说了！曾子在弥留之际竟听见了童子的话，猛然醒悟，叹息着说：是的。这是季孙送给我的，我没能把它换下来。元儿，扶我起来，把席子换了。曾元说：您老人家的病已很重了，不能挪动，希望能等到天明，再让我恭敬地为您换掉它。曾子说：你爱我还不如那童子。君子爱人是用道德，小人爱人是用无原则的宽容。我还能要求什么呢？我只要求能合于正礼而死！于是大家抬起曾子，换了席子，又把他抬回床上，还没有安放好，曾子就去世了。

曾子彰显了君子至死也向善的风范。他的行为不是作态，不是作秀，而是真心向善的体砚，是真性情的流露。

真诚待人是与人为善的重要前提。真诚是一个人最真实、最朴素、最健康的思想和情感。待人真诚才能让他人将心比心，以诚相对。真诚与友善是一对相辅相成、相得益彰、不可分割的好伙伴。离开真诚的友善是伪善，缺少友善的真诚是直白，而直白常常容易导致伤害。蔺相如从大局出发，再三礼让廉颇的非礼，做到了与人为善；廉颇知错就改，负荆请罪，真诚相待，赢得了蔺相如的敬重。是真诚和友善共同奠定了将相和的千古佳话。与人为善必须真诚待人，真诚待人就要与人为善。

做到与人为善，应先学会宽容和大度。宽容，正如寇准与王旦，两位有着对立政治立场的朝中重臣，常为各自的主张而争执。一次次针锋相对后，寇准被王旦的宽容深深打动，从而更加不遗余力地处理朝中政事和百官关系——宽容，为一代名相寇准的诞生铺下了奠基石。大度，正如李世民与魏征，后者敢于直言进谏，尽管忠言逆耳，李世民作为一国之君仍善于听取魏征的谏诤。君王的大度，是大唐出现"贞观之治"这一盛世必不可少的条件。当与他人意见不合，甚至起冲突时，宽容大度便是化解的良策。善于听取他人建议，哪怕是逆耳之言，同样为君子处世之道。海纳百川，有容乃大。遇事退一步，学会包容他人，是与人为善的一大境界。

与人为善，要对他人怀有善意。一个眼神，一句提醒，一个微笑，都是小小的善意。对友人要常怀善意，经常关怀和帮助对方，携手并进，共担风雨；待至亲要常怀善意，在生活琐事上细心，做到体谅和关爱，不因小事而争吵，多替对方着想；对竞争对手要常怀善意，他人的进步不是我们嫉妒的借口，而是经验的积累，应为之欣喜，由衷地赞美；他人的失误并非我们幸灾乐祸的理由，我们应该做的便是真诚地予以帮助。常怀善意，就像仁义胡同——曹谷两家的院墙虽各退一尺，却写出了与人为善的和谐篇章。

与人为善，更应待人以善。古人云"授人玫瑰，手有余香"，今天人们常说"助人为乐，不求报答"。当他人感到苦恼，我们应主动问候，给予其温暖；他人遭遇挫折，我们应助一臂之力，拉他一把，帮他走出困境。就像特蕾莎修女，她无偿帮助了无数身染恶疾的贫苦人们，照顾传染病患者，带那些无亲无故的病人回到自己的住所，安葬不幸死去的人们……她获得了诺贝尔奖，因为她给予了太多太多人温暖。还记得在多年前的西雅图残奥会上，一位跌倒后爬不起来的男孩被其他参赛的孩子扶了起来，随后他们手挽手走向终点……这些都是对与人为善的诠释。为人处世，常待他人以善，会让生活处处洒满阳光。

4

Chapter 4

善良的人生活越来越好

让自己的善良变得更加成熟

　　小时候看电视剧，主角正义勇敢，反派奸诈狡猾，每次双方对峙，主角都得以成功脱逃，或者击退反派，结局：主角最终打败反派，赢得了人们的信任和欢呼。于是乎，心里就相信现实世界也如电视剧般美好，相信邪不胜正，更相信善有善报。慢慢地成长，经历过一些难忘的挫折和事件，才知道现实远远没有想象中那么如意。主角不一定会笑到最后，反派最终也不一定会得到老天的惩罚。反而，反派还能利用一场阴谋升官发财！落魄少年还幻想有朝一日能成为百姓爱戴的英雄，可终将被充满唾沫星子的社会淹死。每个人的性格中，都有某些无法让人接受的部分，再美好的人也一样。

　　王琦与自己的大学同学黄明相遇，多年不见，自然免不了一番嘘寒问暖。在交谈后，她得知班上的许多同学在事业上都取得了不小的成就：有的从政做了官，有的下海经商做了老板，有的成了单位里挑大梁的骨干。王琦猜想，黄明一定也混得不错，因为当年身为班长的他，不光学业优秀，而且吹拉弹唱样样精通，是一个极有才气和能力的美男子。但黄明跟她聊到自己的现状时，却表示非常郁闷。

他毕业后奋斗了10年，现在还只是一个小职员。这让他自己想起来都觉得难以置信。以他的能力，无论在哪个单位，都应该是数一数二的人物才对。这个同学最后把自己的落魄归咎于单位领导排挤他、压制人才。

王琦同情起她的这个同学来，他真是怀才不遇。

半年后的一天，王琦去参加省外的一个笔会，其中有一个文友正好是黄明的上司。两个陌生人之间自然以两人都熟的人为谈资。文友说："他的确是个不可多得的人才，然而他太好表现。一方面处处锋芒毕露、逞强好胜，什么事都要掺和；另一方面又是一个'好好先生'，在单位里遇事从来不直接表明态度，事不关己时总是和稀泥。尽管如此，我还是十分欣赏他的才干，好几次想找机会提拔他，可遗憾的是，每次投票，他的得票都是最低的，我也没有办法。"

这时，王琦才明白，她的同学不得志，不是输在能力上，而是输在他的骄傲和他看似深谙世故做事却并不成熟上。因为他的业务能力强又比较好胜，无意间让许多和他一起工作的人受了好多气，大家因为觉得自尊心受伤而产生自卫性反击情绪，所以他在部门内不受欢迎。他本性不坏，为人好，但遇到其他部门的事，本着与人为善的心态，又一味地附和他人，显得很没有原则，也没有给人留下太好的印象。

作为才子，作为一个意气风发的青年，他有他自负的一面，又有他所谓善良的一面。随着时间的推移，他给同事们留下了一个世故又自大的形象，结果自然是被大家排斥。

不要觉得真的有那么多人不懂人情世故，被归在不懂人情世故里的人中，至少有一半只是不想玩这一套而已。深刻地明白烦琐世事，却依然怀有赤子之心，能被动接受现实，也能主动坚守个人原则。这才是一种完美而睿智的处世哲学。

这让人不禁想到一位历史人物。这个人以恃才傲物著称，也因此而死。你或许知道我说的是谁了。没错，就是杨修。东汉建安二十四年（219），在曹操和刘备两军僵持不下之时，曹军的主簿杨修因为"鸡肋事件"丢了性命，成了"聪明反被聪明误"的典型。其实，曹操并不是一个小气之人，就拿张绣来说，当年张绣发动兵变杀了曹操的儿子和爱将典韦，后来又投降曹操时，还是得到了曹操的礼遇。曹操连杀子之仇都可以谅解，为什么就不原谅杨修，非要杀之而后快？答案是，杨修聪明过头了。

曹操让人造一座花园，造好后，曹操去看了一下，然后在门上写了个"活"字就走了，结果是"人皆不晓其意"。杨修却说："'门'内添'活'字，乃阔字也。丞相嫌园门阔耳。"大家都不明白曹操在想什么，杨修一眼就看明白了门上字的含意，并且很得意地把秘密告诉了别人。

曹操为了防止别人暗害他，便说自己梦中喜欢杀人，让大家不要在他睡着时接近，并装模作样地杀死了一个替自己盖被子的近侍。结果是"人皆以为操果梦中杀人"，而又只有杨修了解曹操的意图，并对别人说："丞相非在梦中，君乃在梦中耳。"

曹操想考察一下儿子曹丕、曹植的临机处事能力，故意让两人出城，却在暗中吩咐门吏不让两人出城。结果，曹丕老老实实地退回来了，而曹植却在杨修的指点之下杀了门吏，得以成功出城。杨修又一次料到了曹操的意图。

历事无数，阅人无数，却看不清自己。似乎聪明得能看穿一切，然而本质上却不谙人情世故，这是杨修的取死之道。

曹操手下有才华的人不可胜数，像郭嘉、程昱、荀彧、贾诩，哪一个不是济世之才？为什么他们没有被曹操妒而杀之？他们的深谙世故是真正的豁达，他们的劝谏是真正的融通。

深谙世故却不世故，静得下心，低得下头，这才是成熟的智慧。

生活里，很多时候，和善良联系在一起的是单纯，而且在某些情况下，"你太单纯了"等于"你太善良了"。你通常看不到"坏人"对你设下的陷阱，你的善良总是被利用，不单纯的人们喜欢你的单纯，却又不希望你一次又一次地被欺骗。所以，你要明白人情世故。

　　善良单纯的人，给人简单、真诚的感觉，容易被信任，所以虽然你的善良必须有点锋芒，但也不能轻易地施展自己的人情世故，否则你稍微走错了，很可能更容易受伤。有些人会把算计和城府带到生活和工作里，而有些人，却是对朋友、同事或者恋人，永远保持着真心，他们不是不懂人情世故，不是不能而是不为，这是大善的智慧。

　　我们所做的任何事情，在人类宏大的历史和空间的范围里，都是微不足道的。但正是这些不计其数的微小的善的信念，使得人性的种子即使在最险恶的环境中，仍能够得以保存，经过时空的洗礼，在未来的某个时间、某个世界，放射出最耀眼的光辉。

　　真正的成熟，是年龄无法界定的。无论什么时候，你都应该有一种平和的心态，少一点计较，多一点包容。这个世界的确存在不公平，但每个人心里，总会有一杆秤。人情练达而不世故，敢于承担而不盲目。无论世界多么纷扰，内心都能存留一块净土；无论成就有多高，最不能丢失的就是快乐和善念。助人强者必自强，有原则的宽容，是对自己人格的褒奖。成熟不仅是一种责任，更是一种智慧，它代表着一个人存在的价值，最终也将成就更好的自己。

做自己，不成为世界的变色龙

生活中常有这样的人，无论你做什么，他都喜欢给你泼冷水，都觉得不行、不好、行不通，但他自己去做，却什么也做不好。也许滥用语言暴力成了他唯一可以刷存在感的手段，所以他时时都在伤害着别人，也被别人的反击伤害着。

人可以死在自己的梦里，但不能死在别人的嘴里。有人说，泼在你身上的冷水，你应该烧开了再泼回去。但善良的人，给的回答则不一样：更愿意做一个像生石灰一样的人，别人越泼冷水，人生越沸腾。

参加一个项目讨论会，张洁和赵勤极为用心地做了几个策划案。同事们若是从他们考察市场的角度和做策划时的费心费力来看，便会承认那些都是应该被尊重的劳动成果，即使它们可能还不够完美，可能还需要继续提升。但是，有些同事，完全不看人家立项可行性研究的内容，不看人家在市场研究上下的功夫，连策划的内容是什么都没有认真看，便开始各种批评。

连小河都没有见过的人，却摆出一副曾经沧海的姿态来。那些批判听上去那么牵强附会，那么毫无逻辑。我真的很想说，人家努力去思考、去策划，并且形成了结果，尽管它可能不合适。可是那些看不惯的不适者，你们能否弄明白策划人的意图，看过人家的方案再加以批判？

看着那些认真思考过、认真做事的同事，我心里真不是滋味。我不是说讨论一个重大项目时，参会的人不可以发表意见，而是说我们发表意见时，不要带着情绪和个人好恶的标准去评判。一个从来没有吃过蜂蜜的人，是没有资格说什么样的蜂蜜才好吃的，也不能因为自己不喜欢吃蜂蜜，就武断地认为蜂蜜没有市场。

为什么我们总是那么喜欢粗暴简单地否定别人，动不动就用偏激甚至刻薄的话去伤害别人，而我们却感觉自己非常有理？为什么我们胡乱批判别人、伤害别人时没有丝毫内疚之感？产生这种自负心理最深层的原因是什么？

很多事情，只有把它的前因后果彻底联系起来，我们才能看出最根本的问题。拿上述案例来说，一个项目上了会，判断它是否具有可行性，我们不能不看内容而只凭匆匆扫一眼标题就全盘否定。

这里面，有很重要的两个行为暴露出了其根本心理：不看内容——因为那是别人的项目，隐蔽心理是把不想关心别人当成对别人的项目没兴趣；全盘否定——不想为别人的项目费心做判断，其隐蔽心理主要是不想去肯定别人的价值，所以全盘否定，一来比较省事，二来显得自己是有价值的。

有人看不起你，不是因为他真的比你强，而是因为他不想去发现你的价值。每一个人都关心自己的价值，所以我们才会产生那些莫名其妙的自负心理。一个人之所以骄傲，之所以看不起人，只不过是因为漠视他人的价值，眼里只看得见自己，和个人能力无关，并且和我们被看不起也无关。别把他人的冷漠与自己的无能画等号。

别人的评价与我们的实际价值无关。人生命运的真相就是，命运一半在你手里，另一半在上天手里，你要用自己手里的一半去赢得上天手中的另一半。

悲观失望、抱怨命运的时候，不要忘了你自己手里拥有你一半的命运。得意忘形、志得意满的时候，不要忘了还有一半的命运在上天手里。我们都要与他人合作，所有要求你关心的人都和你有关。

当然，别人的自私冷漠是一件你没有办法掌控的事，我们只能自己去感受世界，也只知道自己最需要什么。我们时时为自己的感受而奔忙，分不出多余的时间去关心他人。

古希腊哲学家普罗泰戈拉说："人是万物的尺度。"这句话的意思是：每一个人都以他自己的喜好作为判断万物的标准——这也是没有办法的事，因为我们只能用自己的主观感受去评价这个世界，去描述这个世界，得出只有自己才完全相信的结论。

由于天赋、生活环境不同，我们每个人的认知力都不一样，所以每个人的自以为是都不一样，所以才使得一些人那么难以被他人认可。但这不是我们可以待人冷漠粗暴的理由，我们不能只关注自己，还要关注和自己相关的一切——因为依赖彼此的相互合作，所以我们需要在意别人眼中的自己是什么样子；因为每个人的看法不一样，所以我们不能太在意他人的看法。看到过这样一句话：人可以死在自己的梦里，但不能死在别人的嘴里。我非常赞同。我们之所以奋斗，不是为了改变世界，而是为了不让世界改变我们。我们能以让自己舒服的方式行走在这个世界上，这就是我们应有的生活。

以世俗观念来讲，小苇与丈夫结婚算是高攀了。出身农村的小苇，嫁了一个有好几套房子的"款哥"，幸福得不行。私下里，大家都想向她请教驭夫之术。在同事的一再追问下，小苇道出了秘密：在婚姻里，女人最主要的难题是面对婆婆。你不可以软弱，软弱就一辈子受气；你不可以逞强，逞强会伤害你心爱的丈夫。

小苇在和老公小尹结婚时就明智地达成了如下协议：无论什么时候，小尹都要站在小苇这边；无论什么时候，小苇都不会向小尹抱怨婆婆；无论婆婆怎么抱怨小苇，小尹都不可以当真。果然，富婆婆不是好惹的，结婚之前逼小苇进行婚前财产公证，约定协议离婚要净身出户。结婚之后，虽然没有和他们一起住，但这个富婆婆总觉得小苇耽误了小尹的前程，所以隔三岔五去折腾小苇。今天问小苇一个月可以上交多少生活费，明天又要求小苇交出小尹的工资卡。不过小苇心中正能量满满，面对婆婆的刁难，她总是会说："妈，我上周六在商场里看见一套特别好看的衣服，很适合你的气质，周末我陪你去买。"或者说："妈，我听说你二十几岁的时候美得像天仙一样，很多男孩追你，要不周末有空来给我讲讲你的故事……"

婆婆在正面交锋中奈何小苇不得，便开始向小尹告状，今天说她给我脸色看啦，明天说她太自私啦之类的。小尹听得多了不免嘀咕，他小心翼翼地问小苇："我妈没找你事吧？"小苇说："怎么会，妈很好啦，上周我陪她买了好几套衣服，这周我听了她讲自己的故事。你别说，妈真漂亮。我干脆给她办张健身卡，周末陪她去健身，这样她能穿得上更多的漂亮衣服。"小尹将信将疑地向母亲核实，母亲只好坦白交代了。然后，小尹又转述了小苇的话，母亲心里开始不好意思起来。后来因为一件事，母亲明显失理被小尹责怪，小苇还说："妈只是觉得她那种方式对我们最好，没有想到可能不太适合我们"，叫小尹不要责备母亲。小尹慢慢发现，母亲对小苇的挑剔越来越少。

　　小苇没有软弱，也没有逞强，而是绵里藏针地解决了许多女性朋友的大难题。其实，很多事不是我们做不到，而是我们放不低身段。

　　人心都是肉长的，婆婆也不难"对付"。只要不因为一时的矛盾而自乱阵脚失去理智，就可以不让矛盾升级；只要学会打太极，就可以使婆婆的力气全打在棉花上。作为后辈，应该学着理解婆婆在特殊环境下养成的不安全感，只要我们找准了她的心理需求，并恰当地去满足这些需求，又怎么会搞不定婆婆呢？

　　人与人之间总会存在着价值观的冲突，但并没有什么难解的结，婆媳之间尤其如此。你若是不喜欢她做的饭，少吃几口装装样子，转身出去悄悄买点喜欢吃的塞饱肚子就好；你若是不喜欢听她说的话，就左耳朵进右耳朵出，当自己是间歇性失聪就好；你若是不喜欢她教育孩子的方式，只要想想，那到底是她的亲孙子，10个保姆也未必比她更值得放心。其实，很多事都是这样的，只要你自己不觉得是事，事再大都不算是事了。

　　有时候，幸福需要智慧拐点弯。或许你会觉得，那样去迁就别人很委屈，凭什么要你主动牺牲这么多，去换取一份本来就应该得到的安宁？

　　如果心怀这样的计较，只能说明你的内心力量太过弱小，还欠缺足够的调适力。这世上，总是主动的人得到的更多。

　　主动是一种能力，主动终止伤害更是一种能力。你若不去主动终止伤害，必然会面对日后没完没了的彼此伤害。多少家庭就是因双方都没有终止彼此伤害，恶性循环才分崩离析的。天下没有免费的午餐，世间也没有不需要主动去追寻的幸福，你若没有主动终止伤害的能力，也不会具备享受幸福的能力。

　　当然，主动终止是一个很艰难的过程，一些不好的习惯不可能今天说改，明天就一下改了，中间必然还会有强烈的挣扎、压抑以及不甘。但是，我们只要慢慢去做，就能慢慢学会接纳，学会调适内心的愤怒，成为一个可以主动终止伤害、享受幸福生活的人。

没有人为你善良，也别让你的善良不得好报

我们经常能看见这样的段子，"人什么穷了别走亲，寒心""真正遇事了，才会知道谁会对你全力以赴""有时候看错人不是因为你瞎，而是因为你太善良""人实在了骗你的人就多了""你有用了跟你的人就多了，你没用了远离你的人就多了"，等等诸如此类的心灵鸡汤，而且此类段子很受人们的欢迎。

但大家是否想过，谁该你的啊？你穷了就该帮你，遇事了就该平白无故对你全力以赴，非得让你看对了啊？你实在了傻了被人骗了怪我呀？你有用了你没用了别人远了近了的，还不是你自己的事啊？世界上没有什么事是平白无故就发生的，世界上没有什么人是平白无故对你好的，世界上不是什么都围绕你转的。

人生旅途上，难免会碰上一些奇葩的人和事，除了自认倒霉，可能让你连吐槽的力气都没有。

有一则消息称：西班牙警方联合中国警方，在当地抓捕了

200多名境外电信网络诈骗犯，他们冒充警察，诱导不明真相的受害者向假账户打款，前后涉案金额1600多万欧元。这里面是数百个家庭的血汗钱，有些贫困家庭甚至一次就被骗光了全部积蓄，许多受害者因此家破人亡。

很想问问这几百个有手有脚的正常人，利用人们对社会的信任与善意，做出这些泯灭人性的事，就算得到了不义之财，以后的日子真能过得安宁吗？做人连基本的良知都没有了，还配做一个人吗？不知何时起，倒地讹钱的无良老人突然多了起来，甚至连好心搀扶自己的小学生都骗，要不是随处可见的摄像头，又不知这些人会用自己的无耻，改变多少孩子的人生。也许就是这样层出不穷的诈骗太多，让人们渐渐开始怀疑这个社会。

新的欺骗方式变化多端，不明真相的群众总是被要得团团转，这到底是为什么？就因为人们心底最宝贵的善良，正在被某些别有用心的人无情地挥霍。这世上最大的恶，就是利用别人的善。遇到乞丐行乞，你可以慷慨解囊，也可以绕道走开；有人募捐，你可以捐钱，也可以视而不见。每个人都有自己的难处，也有自己的选择。但不管怎样，可以不爱，请别伤害。

中国传统文化历来追求一个"善"字。"人之初，性本善。"待人处事，强调心存善意、向善之美；与人交往，讲究与人为善、乐善好施；对己要求，主张独善其身、善心常驻。记得一位名人说过，对众人而言，唯一的权利是法律；对个人而言，唯一的权利是善良。

这话很对，不过，有的善良，却是一把双刃剑。有一种善良叫"低智商的善良"，你付出了、牺牲了，最后还成了一个坏人。这样的善良，有时其实是一种伤害。

刚工作不久的姑娘曼文，开始时因为青春可爱、热情大方，颇得几个爱占小便宜的同事喜欢。那时，同事很喜欢来找她聊天，桌子上放的巧克力，不打招呼就拿着吃，三天两头地想法子撺掇着她请客吃饭，有的甚至直接要求她每天多带一份早餐。对这一切，曼文都默默地忍着，反正人在职场，总有交际，总是要花销的。后来，有同事见她好说话，又找她借了2000块钱。大概过了半年吧，同事还是没有还的意思，而曼文住的地方房租涨了不少，于是她鼓起勇气要求对方还钱。没想到同事脸黑了："我刚给家里寄了一笔钱，实在没钱还你。下个月吧。"曼文无可奈何地同意了。没过多久，那个借钱的同事就离职了，走时连个招呼都没跟曼文打，之后就再也没有和她联系过。从此，曼文开始学着不要随便善良了，结果所谓的朋友就开始嘀咕说她小气。

没有谁不讨厌占便宜的人，只是碍于面子，人家不好意思说罢了。斗米养恩，担米养仇。一开始的过度慷慨，使得别人觉得从她那儿索要的一切都理所当然，而她的付出，在他们看来，也许就不是善良，而是愚蠢。

我们的行为是可以引发一系列连锁反应的，所以该出手时就出手，该反击时就得反击。一个长期受欺负的人，只要有那么一次奋起还击，以后敢轻易欺负他的人自然会少一些。

还有一些低级的善良，是施善的人无法发现别人真正的需要，这时的与人为善只是在满足自己的情感需求。比如真正需要尊重和平等对待的是残疾人，有的人会异常热情地帮助他们，表面上看这些施以援手的人确实十分慈善，实际上却让那些残疾朋友意识到自己的特殊和不幸。

有一种人认为自己善良，所以即使干了坏事，别人也没有责备自己的理由。一个40多岁的成年人，出于好意想帮家里分担经济困难，于是轻信金融骗子，把家中仅有的存款都拿去投资了某个听说会重组的股票，结果亏得一塌糊涂。她分明是做错了事，但梗着脖子不承认，半晌憋出一句："我也是为了全家人好。"言下之意，既然我是出于好意，你们就该原谅我。热情的办公室大姐，每天拉着你聊天，让你完成不了工作任务，或者是每天给你发鸡汤文章打扰你休息的同学，等等。他们让人恼怒的地方不仅仅在于实际上造成了你的不便和不爽，还在于他们是基于善意的，你都没有办法怪他们。

真正善良的人可能只在乎他是不是做了一件好事，而不在乎别人是不是认为他做了一件好事。真正的善是在充分了解和审视了事实之后做出的能带来最好结果的选择。

不要走进诱惑的陷阱

人的一生，金钱、地位、名誉、情感等诱惑实在太多了。因思谋金钱而驻足、因渴望名誉而躁动、因攫取地位而难眠的例子比比皆是。人生就是一场无休、无歇、无情的战斗，要想获得成功，就要时时刻刻向无形的敌人作战。而人的本性中那些乱人心意的欲望、致人死命的力量、致人堕落甚至自弃的念头，都是顽敌。

在如今物欲横流的世界，能经得起诱惑不但是一种品格，也是一种能力。生活告诉我们，如果无限地放纵自己就会失去自由；管不住自己就注定被别人管；经不起诱惑就一定与成功无缘。一个人要想经得起诱惑、耐得住寂寞就要承受住压力，那是内心的一股定力。用定力去抵制诱惑，就会有自己对人生的思索、规划，自得一份心灵的宁静。要经得起复杂形式的考验，正视现实的诱惑。分清哪些地方不该去，哪些东西不能要，哪些人不该交，哪些事不该做。一定要弄清界限、高度自律、善始善终。是否经得起诱惑，就要看你的心态是否成熟。

经不起诱惑，就说明你还不够成熟，其实如果真要看穿了，一切也不过如此。

要想成就自我，就要经得起诱惑。耐得住内心的寂寞，方能修成正果。人生活在社会环境里，每时每刻都会受到诸如灯红酒绿、锦衣玉食、黄金珠宝、名誉地位的诱惑。面对浮躁和急功近利，如果不甘心寂寞，就会被这形形色色的诱惑俘虏，落得人财两空的结局。所以，经得起诱惑、耐得住寂寞是人生的一种境界，也是人的思想灵魂修养的体现，更是一种坚定的信念和态度。能在诱惑面前不动声色的人，是难得的高手；能在寂寞中坚定行走的人，是真正的英雄。我们的周围总会弥漫着浮躁的情绪，在各种诱惑下让人们很容易丧失判断力，就会常常犯傻，干出一些蠢事。想要避免不必要的麻烦，做任何事的时候都要光明磊落，要不断地充实、完善自己，不被诱惑蒙蔽双眼，做到非分之财不能取，非分之乐丝毫不能沾。只有对外修身才经得起诱惑，方能出淤泥而不染，风不能改变，神不能役使。

寂寞是人生的底色，既是一种考验，也是一种坚守。也许与寂寞为伴的是痛苦，但抵不住寂寞，也会在人生中出现许多缺憾。工作中耐不住寂寞就会心神不宁，生活中耐不住寂寞就会心旌摇动，所以耐得住寂寞是一种心境、一种智慧、一种精神内涵，是人生的一种自我超脱。"沉住气，成大器。"要以平常的心态面对世事浮沉，以慈悲之心面对生活中的不公，以自定义的方式享受人生，严防欲望侵蚀心灵。于是当机遇向你招手的时候，你就可以很好地把握机会并获得成功，所以耐得住寂寞也就弥显珍贵。那些有胸襟、有毅力、有恒心的都是耐得住寂寞的人。只有经过寂寞的考验，才不会被喧嚣的尘世所迷惑，更不会怨天尤人、萎靡不振。

1898年6月8日慈禧太后发动政变，戊戌变法失败。谭嗣同是其中的领导人之一，面对清政府的捕杀，在当时他完全有机会逃走，而且另一位变法运动的领导人梁启超也反复催他尽快离开，但他决不做逃跑者，并慷慨激昂地说："各国变法，无不从流血而成，今日中国未闻有为变法而流血者，此国所以不昌也。有之，请自嗣同始！"

在政变发动之前，谭嗣同的父亲也曾多次写信催他回家，以免遭受杀身灭族之祸，但他却抱着舍生取义之志，对老父的来信付之一笑。受刑前，他面对上万围观群众高呼："有心杀贼，无力回天；死得其所，快哉快哉！"与谭嗣同一起就义的还有刘光第、杨锐、杨深秀、康广仁、林旭等人，史称"戊戌六君子"。六位义士，个个大义凛然，宁死不屈，他们高尚的节操，也为世人所景仰。

谭嗣同为坚守正义，放弃逃生的机会，宁死也要证明自己的信仰是正确的，而且在临死的时候也是那样慷慨陈词地说

"有心杀贼，无力回天；死得其所，快哉快哉"。其实对于他来说，逃生就是一种诱惑，而对于这种诱惑他却视而不见，始终坚持自己的信仰。他的这种视死如归、对信仰执着的信念也成为后世学习的楷模。

如果一个人经不起名利的诱惑，就会不择手段地追逐名利、金钱，变成它们的奴隶。人们来到这个世上的时候是赤条条的，而走到尽头离开的时候，同样也是赤条条的，那些身外之物只不过是一场空。所以在名利面前一定要学会"宠辱不惊，看庭前花开花落；去留无意，望天上云卷云舒"。

寂寞、诱惑是两块试金石，会测出人的意志是否坚定。尤其是对于有理想的人来说，也是酝酿成功的温床。凡成大事者，必先苦其心志，劳其筋骨，饿其体肤，空乏其身。不在寂寞中奋斗，不在诱惑中突围，就难以做到一鸣惊人！而所谓的美女成群、前呼后拥、多彩多姿也只不过是诱惑表面的华丽烟云。不要因为一刻也容不下寂寞，而成了像犯了毒瘾时刻离不开毒品。否则难以战胜生活中的风风雨雨，也将会度过一个空虚的人生。

东汉时，南阳太守羊续为人廉洁、生活朴素，平时穿着破旧衣服，盖的是有补丁的被子，乘坐着一辆破旧马车。餐具是粗陋的瓦器，吃的是粗茶淡饭。他憎恶当时官僚权贵的贪污腐败，奢侈铺张。

　　府丞焦俭是他的下级，也是正派的人，二人关系很好。焦俭看自己的上级生活如此清苦，便心生恻隐。他听说羊续喜欢吃生鱼，就买一条鱼送给羊续。焦俭怕羊续拒收，就笑着说，大人到南阳时间不长，可能还没听说过此地有名的"三月望饷鲤鱼"，所以我特意买一条送给您，平时您把我当作兄弟，所以这条鱼只是小弟对兄长的一点敬意，您知道的，我绝非阿谀逢迎之辈，因此，务请笑纳！羊续见焦俭这么说，认为不收下就太见外了，于是笑着说，既然如此，恭敬不如从命。

　　等焦俭走后，羊续便把这条鱼挂在室外，再也不去碰它。第二年三月焦俭又买了一条鲤鱼，心里想着一年送一条总可以吧，如果买多了，那个古板的老头子是不会要的。便提了一条鱼到羊续府。焦俭刚说明来意，羊续指着那条枯干了的"三月望饷鲤鱼"对焦俭说，你去年送的还在这里呢！焦俭愣住了，摇摇头叹口气，带着活鱼走了。

　　在"三月望饷鲤鱼"这个故事里，羊续即使面对自己的好朋友，也不会改变自己的品行。以至于当他的朋友第二次带着鲤鱼登门，看到挂在墙上的鲤鱼，只能带着拿来的新鱼叹息而归。诱惑对于人来说，仿佛就是看不见的魔爪，在你稍放松一点时，或许它已占据了你一大部分。或许羊续就懂得这个道理，自始至终保持着自己的原则，当然就值得人敬佩。

　　大凡物事都是矛盾对立的，所以不能在诱惑中升华，就会在寂寞中糜烂；不能在诱惑中永生，就会在寂寞中腐朽；不能在诱惑中战胜自己，就会在寂寞中成为奴隶。要想获得成功，就要耐得住寂寞，经得起诱惑。在寂寞中成长，就能彰显你的成熟、乐观、坚忍、洒脱。所以要想功成名就，就必须与诱惑为伍、寂寞为伴，在不断的抗争中战胜自己，在寂寞中升华。苏轼曾说过，古今成大事者，不唯有超人之才，必有坚韧不拔之志。那些站到学术研究风口浪尖上成为璀璨明星的人，容易受到众星捧月般的吹捧，大部分人成为名人后，耐得住寂寞，依旧深居简出，依然过着苦行僧般的研究生活，而有些却喜欢与热闹结伴，只能结束其研究生涯。而那些依旧孤独着的苦行僧就会成为明天永远的明星。

中国有一句老话说，行百里者半九十。只有抗拒住诱惑，一直坚定地走下去，才能做好一件成功的事。当路越走越难就想着放弃，当然就会注定失败。古往今来，不能抗拒各种诱惑，在前进道路上中途退出的事例举不胜举。只有让自己的目标始终如一，抗拒诱惑，具备稳如泰山的定力，才能走完以后的路。所以如果想成就自己的事业，就一定要做个目标始终如一的人。"无志之人常立志，有道之人立长志"就说明了这样的道理。人生最重要的不是所站的位置，而是位置所处的方向。你从何处来或许不重要，重要的是你将要去往何方，只要自己的方向一直明确，就永远不会失去自我。狡猾、暧昧总会用美丽的外表伪装着一切，在向你缓缓靠近时，总会不停地散发出诱人的气息，逼迫你的免疫功能全部瘫痪。而寂寞却能让你重生抵抗力，在一种冷静的思维里，你会思考，你会分辨，然后就知道如何去应对。

面对人生的磨炼，从容淡定是一种气度与志向，它可以让你在潮起潮落的舞台上洒脱娴静。人生之路艰如翻山越岭，只有达到从容淡定的境界，才能面临欲望与诱惑心无旁骛，面临荣誉镇定自若，遇到困难挫折矢志不渝，在喧嚣与浮躁面前聚精会神。当人生处在挫折、困难的低谷时，也就是修炼自我的关键时刻，更应该耐住寂寞，从失败中找到有利的东西，不断地丰富自己，就能学到很多宝贵的东西。所以不要羡慕别人取得多少成就，坚持在寂寞中等待，总会迎来属于你的那一刻，任何伟大和辉煌都是熬出来的。

5

Chapter 5

因为善良，所以有情义

做丈夫的一定要懂得尊重妻子

小玉昨天，更新了朋友圈动态："结婚4年了，没想到我们最终还是要分手。"消息刚发出来，很多朋友慌忙问怎么了，但是小玉却不再说话。

讲真的，对小玉的妻子，朋友们印象都非常好，不仅对小玉疼爱有加，对小玉的朋友也非常不错，朋友们真不明白：好好的一对夫妻怎么会说散就散呢？

为了求证事情的真假，下班后，小路把小玉约了出来。还没等小路说话，小玉哭着说："我知道你想要问什么，但我真不知道她为什么要离婚，而且非常坚决。"小路自作聪明地说："一个女人好好的突然就离婚，难不成外面有人了？"小路刚说完，小玉哭得更厉害了。

小玉说："你们得帮帮我，真不知道怎么了。"实在没招儿，朋友只好让薇薇帮忙问问，她是小玉妻子的闺密，没想到原因竟然是在家里小玉一直把妻子当用人，为此小玉一直争辩说自己没有。

薇薇说："有没有你自己知道，你们男人觉得自己在外面赚钱很累，回家就躺在沙发上，让自己的妻子做这个做那个，稍微慢了点还不行，刚开始我们体谅你们，但是你们越来越过分，难道这不是把我们当用人？"

薇薇说完后，小玉刚想说话就被小路马上制止了。平心而论，小路突然觉得薇薇说得很对。每次下班回家，小路也是一动也不想动，一直吩咐妻子帮他拿东西，妻子有时候不情愿，小路就说："我赚钱养家多辛苦，你就不能体谅下我吗？"然后，妻子就不说话了。

其实，夫妻之间是平等的，男人在外面赚钱养家时，女人也一直在家里操劳，一天下来，两个人都非常累，但是有很多男人并不理解自己的妻子，他们甚至以为自己养家就已经大发慈悲了。

因为两个人有爱，即使自己的男人有些过分，作为妻子她们也尽量满足，但每个女人的忍耐都是有限度的，如果你不注意，那么结局可能是毁灭性的。

不把妻子当用人，其实是一种理解与尊重。

夫妻之间本应该举案齐眉，彼此尊重，而不是一方高高在上，用自己所谓的劳累来绑架别人。面对你的不理解，她之所以还选择忍让，是因为她还爱着你，一旦不爱了，那么你们就是最熟悉的陌生人。

在你的人生之中，会有一个女人和你形影相随、朝夕相伴，我想这个人就是妻子。如果你懂得尊重她，理解她的苦，那么在你贫穷的时候，她不会嫌弃你，而是默默地陪着你、鼓励你、支持你，直到你成功。当你生病时，她会整夜守护着你，为你煲充满爱意的汤，直到你痊愈。

真正的夫妻必定是相互尊重的人，彼此之间绝对不会无视对方的付出。真正的夫妻必定是精神上门当户对的人；真正的夫妻必定是懂得付出的人，就像钱锺书和杨绛。

杨绛创作的话剧《称心如意》在金都大戏院上演后一鸣惊人，迅速走红，杨绛的蹿红使大才子钱锺书有些压力。

虽然钱锺书一直想写一部小说，但是他又怕把太多的家务推给妻子。一天，他客气地对杨绛说："我想写一部长篇小说，你支持吗？"杨绛非常高兴，催他赶紧写，并让他减少授课时间。钱锺书说："如果我要开始写，那家里就辛苦您了。"正是他这句话让杨绛非常感动。

为了节省开支，杨绛辞退了家里的用人，自己心甘情愿地做了钱锺书的"用人"，包揽了所有的家务活，每天劈柴生火、做饭洗衣样样都来。

虽然她经常被烟火熏得满眼是泪，有时还不小心切破手指，可是她并未抱怨过，因为在她的心里，钱锺书值得她这么做。

看着昔日娇生惯养的富家小姐如今修炼成任劳任怨的贤内助，钱锺书心里虽有惭愧，但更多的是对爱妻的感激与珍惜。

两年后，《围城》成功问世。钱锺书在序中说："这本书我整整写了两年。两年里忧世伤生，屡想终止，但由于杨绛女士不断的督促与帮助，才得以锱铢积累地写完，因此这本书是献给她的。"

就是因为钱锺书懂得尊重，从来没有把杨绛当用人看，才成就了这段伟大的爱情和事业。

把自己妻子当用人，其实是一种男权思想的体现，如果一直下去只会让婚姻更加糟糕。好的婚姻不是一场商业交易，不是你付出多少就要获得多少回报，更不要让某一方一直做出牺牲。婚姻绝对不是一个人唱主场的舞台，如果你总想做付出最少的那一个，总抱怨自己的妻子不理解你，总拿她当用人，那么你就输了。

《简·爱》里有句话："爱是一场博弈，必须保持永远与对方不分伯仲、旗鼓相当，才能长此以往地相依相息，因为过强的对手让人疲惫，太弱的对手令人厌倦。"其实，婚姻何尝不是这样？只有你感受到对方的付出，不对她百般挑剔，不拿她当用人使唤，才会一直长久下去。夫妻之间贵在相互理解，相互信任，相互尊重，相互依赖，相互包容。聪明的人经常夸奖自己的爱人，满足爱人的心理需求，也觉得对方能理解他，从而使他们更加爱惜对方、珍惜对方，这样的家庭会很美满幸福的，也会长久的。

成功的男人懂得疼爱妻子

在人的一生中，父母是最亲的人，妻子就是最近的人。男人一定要珍惜疼爱你的妻子。陈道明说了一句很经典的话："当你放下面子对老婆好的时候，说明你已经成为一个真正的男人了。当你给足老婆面子的时候，说明你已经成功了。当你老婆什么时候都会给你面子的时候，说明你已经是人物了。当你还停留在那里自私、耍横，耍大爷，要老婆伺候，啥也给不了老婆，只知道以自我为中心的时候，说明你这辈子也就这样了。"一个懂得疼爱妻子的男人才更成功。

孙澜是典型的妻管严，在离单位最近的星巴克，他在吴江面前狠命地抽着烟，然后趴在桌子上哭了起来。吴江赶紧踩了他一脚说："你一个大老爷们儿，有事说事，不知道的还以为谁欺负你了呢？"

孙澜哽咽着说："真没想到我会娶这样的妻子，跟她结婚简直是我人生的污点。"讲真的，对于孙澜的妻子，吴江印象不错，那是一个非常爱干净的女人，除了对孙澜管得有些严厉外，处理事情总能恰到好处。

事情的缘由是这样的：前几天，孙澜和几个哥们儿在家里聚会，把家里弄得乌烟瘴气，妻子在众人面前当即表达了不快。当时孙澜想让妻子给他一点面子，但是这根本就是徒劳，后来朋友们知趣而退，这让孙澜非常尴尬。

吴江笑着对孙澜说：“这事明显是你不对，你明知道她有些洁癖，为什么还要往她枪口上撞？你挑战了她的极限，还想让她给你面子，这真是可笑。”孙澜哭丧着脸说：“就你会说风凉话，嫂子对你可真好。”

其实，孙澜真的不知道，每个女人都有自己的禁忌，如果你不故意触犯她的敏感点，那么对方肯定会给你想要的面子，但可悲的是，你总埋怨对方的不尊重而忽略了自己的付出。

都说女人是水做的，这话一点也不假。每一个女人其实都是温水，而你的做法决定了她变成开水还是冰。如果你懂得宠爱她，那么我相信她的热情肯定似火；如果你一直抱怨她，那么她会变成坚硬的冰。

很多时候，男人抱怨女人不理解自己，总觉得自己辛苦赚钱养家，她们不仅不理解，而且在公共场合从来不给男人面子，其实我觉得这样的女人都是我们男人造成的。

蓝田是做销售的，因为工作原因，他经常陪客户喝酒，每次都是酩酊大醉，时间长了他的胃出现了问题，医生说：“如果你想多活几年，那么就尽量少喝酒。"蓝田很清楚，如果不喝酒，那么他的生意将会受到巨大影响。

　　有一次，他又因为应酬喝醉了，这次他的妻子大发雷霆，说："你如果再这样下去，我们就离婚吧，我真是受够了。"蓝田垂头丧气地说："其实，我也不想喝这么多，但真不知道该怎么办，如果陪不好对方，那么合同很可能谈崩。"因为蓝田的坦诚，妻子帮他想了一个妙招：每当有应酬的时候，蓝田都会让服务员帮他在酒瓶里倒上水。当大家喝得差不多的时候，服务员就会给蓝田的杯子里倒上水，一切做得神不知鬼不觉，在觥筹交错的氛围中，蓝田做得游刃有余。

　　事后，有位服务员问蓝田："是谁帮你想的这个妙招？真是绝了。"蓝田笑着说："还能有谁？当然是最爱我的那个人，我的妻子。"蓝田说这话的时候一脸骄傲。

　　其实，很多妻子都深深地爱着自己的丈夫，她之所以管你是因为她害怕失去你，而面对她的管束，你总是采取暴力的方式抗衡，你这么做，她怎么会让你在外面硬起来？

　　晏青是一家企业的部门负责人，因为工作的原因，他几乎每天外出，睡眠质量非常差。每次回家，为了让劳累了一天的他睡个好觉，妻子总是尽量做到不打扰他，也尽量不让他出去。

　　有一次下班回家，有朋友邀请晏青去K歌，妻子说："我觉得还是别去了，你明天5点就要上班，而他们都可以睡到自然醒。"她刚说完，晏青有些生气，他说："我劳累了一天，难道就不能放松一下吗？你也管得太严了吧！"那天，晏青的妻子没有再说话。

由于睡眠不足，晏青第二天非常难受，领导交代的事情也不能第一时间领会，那一刻他终于知道为了保证他的睡眠，妻子付出了多少。

男人们总是做一些自以为是的事情，总觉得妻子不让自己做某件事就会丢脸，在她们面前高调宣扬着自己可怜的自尊，而事实是，如果不是和你在一起，如果不是很爱你，她真的懒得管你。

女人其实真的很聪明，你在别人面前的表现完全取决于你，而不是你的妻子。你懂她们的体谅，懂得她们为家付出的爱，她们又怎么会不让你硬起来？

尊重是相互的，你懂得爱她，那么她一定会给足你面子。

美蕙总说："其实我知道男人养家是很辛苦的，可是他们总喜欢把我们的爱忽略不计。"每次，男孩下夜班，女孩都会给他煲上一碗爱的热汤，但是男孩从来不喝，他甚至觉得女孩多此一举。

有时候真是这样，我们看不到自己的做法，总以为自己做的是最对的，但是无形中却伤了最爱你的那个人的心，这个时候你再埋怨她让你在外面硬不起来，这是不是天方夜谭？

　　如果你懂得善待自己的女人，那么她也不会为难你；如果你能感受到她对你的爱，那么你随时都是一个能让自己硬起来的人。你的做法里藏着爱人的反馈，如果她真是爱你的，还有什么面子是她不能给你的呢？

　　从天真烂漫的少女，到十月怀胎的辛苦，到养儿育女的付出，慢慢地，她变成了一个不再那么漂亮的人。一日三餐，柴米油盐，皱纹爬上了她的眼角，白发开始在青丝里若隐若现。她就是那个守护你一生一世的人，懂得珍惜吧！

你要爱他，就成全他的爱好

桔子是一名舞蹈演员，但最近却选择在酒吧驻唱，她想用自己的歌声让男朋友重拾爱好，继续追逐梦想。男朋友是一名小提琴演奏家，两年前的一场事故让他差点失去了左手，这对于他来说简直是致命的打击，因为作为小提琴演奏家，手就相当于他的生命。

那段时间，男友自暴自弃，觉得自己被社会抛弃了，他整日饮酒度日，很多好友劝桔子离开，但她非常坚决，她懂他心里的苦。有一天，桔子对男朋友说："我最近不想跳舞了，很想去做酒吧驻唱，你能帮我伴奏吗？要不我怕自己唱不好。"男朋友怔住了，他没想到自己还有机会登台演出。选择酒吧驻唱，桔子唯一的条件是让男朋友来伴奏。

闲暇时，桔子跟一位老中医学会了手指按摩，无论多忙，她每天都会为男朋友按摩数遍。慢慢地，男朋友的手逐渐恢复，在爱的滋润下，他终于能开始表演了。桔子的工资并不高，她从不舍得为自己买衣服，却无条件地支持男朋友，为他买最新的碟片，买最好的小提琴，默默地陪着他练习。随着演奏次数的增多，男朋友变得越来越自信，弹奏的水平也逐渐提高，如果不认真听，根本听不出和以前有什么区别。

最好的爱情并不是给对方锦衣玉食，而是在对方最困难的时候依然选择无条件地支持。爱他一定要尊重他，时时刻刻地维护他，当他在追求的道路上陷入困难时，你的支持好比是一服良药，为他治好被困难挫伤的伤口。千万不可以出口伤人，言语的伤口有时一生都在流血的。身体的伤害很容易治愈，精神的伤害后果是可怕的。俗话说，人活脸树活皮！假如你用刀子在别人身上割了一刀，就算刀口愈合了，可是那道伤痕却永远存在！再小的钉子一旦在墙上定过了，也会留下小小的洞！

《妈妈咪呀》节目中来了一位跳肚皮舞的女孩，因为嫁给了一名埃及人，结婚后她再也没有跳过肚皮舞，虽然有时候心里委屈，但老公始终不理解。

婚后，他们经常因为女孩是否演出而吵架，为了结束这样的生活，女孩打算再也不跳肚皮舞了，她选择把自己所有的演出服打包卖掉。在收拾的过程中，老公问她怎么了，女孩说："你都不让我演出了，我还留着干吗？"后来，女孩把演出服全部卖给了自己的学生。

几天后，老公突然递给女孩一个包裹，里面竟然是自己卖掉的演出服。面对女孩的不解，老公说："你非常喜欢跳舞，如果不让你跳舞你就不会开心，这样我也不开心，因为爱你，所以我尊重你的爱好。"

老公说完后，女孩潸然泪下，她觉得自己这辈子真的找对人了。懂你爱好的人，会用你所需要的方式去爱你；不懂你爱好的人，根本不会理解你。

一个懂你爱好的人，会给你带来一段舒服的婚姻；一个不懂你爱好的人，会让你在婚姻里受到痛苦的煎熬。最好的爱情，就是找一个能够懂自己爱好的伴侣，相互包容不会觉得厌倦。陪伴，是两情相悦的一种习惯；懂得，是两心互通的一种眷恋。

两个人在一起生活久了，你知道他的口味，他明白你的喜好，这是最重要的。真正的爱情不仅有细节上的默契，还有心灵上的默契。你的梦想，他能理解；你的爱好，他无条件支持。最好的爱情就是他懂你的爱好。如果他能从心底懂你的爱好，那么即使生活给了你一地鸡毛，他也能将鸡毛扎成最漂亮的鸡毛掸子，为你扫去烦恼和忧愁。

两个人如果彼此相知，就会在生活中形成一种非常棒的默契，他甘愿知你懂你，你也乐意享受对方的这份体贴。这样双方不但避免了一些无谓的争吵和矛盾，彼此的感情也更加深厚了。因为他懂你的爱好，不会让你委屈，在漫长的岁月中陪你看细水长流，共同谱写爱情的乐章。

善待父母，就是善待自己

人世间最无私的就是父母的爱，人世间最难以报答的就是父母的恩。如果有一天，生你养你的两个人都走了，这世间与你有着最亲密血缘关系，为你付出最多的亲人就没有了，所以孩子们啊，人在世的时候，要对父母好点，别让父母总是为你们操心，父母不需要你挣多少钱，但他们很需要子女的陪伴，因为子女是父母最深的牵挂。

菁菁喜欢上了一个男孩，但是母亲坚决不同意，因为男孩染有赌博的恶习，但菁菁不听，为了和男孩在一起，她不惜和母亲断绝关系。在母亲绝望的泪水中，菁菁摔门而去。后来，菁菁过得并不幸福，虽然菁菁有好多次想拨通家里的电话，但倔强的她最终还是忍住了，这一别就是3年。

因为染有赌博恶习，男友只要没有钱就向菁菁要，时间久了，他们的矛盾越来越大，在忍无可忍的情况下，菁菁终于选择了和男友分道扬镳。当她充满愧疚地回到家时，母亲却因为疾病永远地离开了。

那段时间，菁菁仿佛疯了，她经常拨打母亲生前的那个电话号码。可总是那句甜甜的话语"您所拨打的电话已关机"，菁菁再也无法打通那个电话。菁菁感到后悔极了，对母亲的歉意只能永远地埋葬在心底了，多希望能当面和她道个歉，哪怕付出任何代价。菁菁有时整个人哭得稀里哗啦，可即便这样，一切再也回不到从前了。父母对子女的爱都是无私的，他们会用尽一生的力气让子女变好，但很多时候都不会被理解。当他们离开后，我们才发现父母在世有多幸福。父母的唠叨我们总是嫌烦，甚至觉得他们根本不了解这个快节奏的社会。我们用自己最稚嫩的价值观判断着这个纷扰的世界，总觉得自己才是最正确的。

前年和去年对成荫来说可能是这一生最喜悲的两年，在这两年里，他真正体味到了生离死别的滋味。两年之内父母双双离世，让他承受着无尽的痛苦。

去年，母亲身体不舒服，成荫请假陪她去做检查，但是结果迟迟未出，最后医院表示，只有切下一点身体组织才能判断最终的结果。那一晚，成荫不断地祈祷，他希望母亲吉人自有天相，他不希望那个最坏的结果出现。可命运总是那么无情，当最终结果出现后，成荫瘫坐在地上，虽然他想极力掩盖这个事实，但也改变不了母亲身体癌变的结果。就在那一刻，他知道和母亲的相处的时间真的不多了。

　　成荫在那段时间所有的事情都顺着母亲，为了能在她身边多待一会儿甚至不舍得睡觉，他知道这一别就再也见不了了。家人决定暂时不把检查结果告诉母亲，让她快乐地过完最后的时光。在病床前，成荫一直不敢哭，他怕被母亲发现，当实在控制不住的时候，他就去外面哭一会儿，再次踏入病房后，他肯定已把眼泪擦干。

　　这世上最无情的莫过于时间和命运，虽然成荫想极力挽留，但母亲还是在病痛的折磨中去世了，那一晚，成荫仿佛一下苍老了10岁。有人说，男人一生会历经两次真正的成长，第一次是孩子出生，第二次是亲人去世。孩子的出生能让一个男人懂得什么是责任，而亲人的去世会让男人变得成熟，因为在他们的身后再也没有了依靠。

　　成荫送别母亲后，整个人都变得非常消沉，但谁也想不到后面的事情更加糟糕。事隔5天成荫的父亲因车祸去世，他甚至没有来得及看父亲最后一眼，就在那么一瞬间，他们阴阳两隔。这世界上最悲痛的事莫过于生离死别！

　　成荫说："那一刻，我突然觉得自己的世界倒塌了。"虽然在人前成荫极力掩盖自己的悲伤，但是每个夜晚他都会偷偷地流下泪水。

　　有那么一段时间，他想父母想得发狂，甚至希望这世间能有一条通往天堂的路，即使路途再遥远，他也要走去看看，他没有别的要求，只是想看看父母在天堂里过得好不好。

为人子女有时候我们真的太自私，当父母在你身边时，我们总是有太多抱怨，嫌弃父母没有给我们创造更好的条件，甚至埋怨他们蹒跚的脚步跟不上生活的节奏。

时光匆匆，岁月无情，当父母永远地离开后，我们才知道他们曾经的好，只是一切都已经晚了，因为这世间真没有通往天堂的路，在未来的日子里你想再看他们一眼那也是永久的奢侈。多少次在梦里看到父母苍老的容颜，又有多少次醒来后看到枕头上的斑斑泪渍，虽然每次都想抓住那个远去的背影，但真的无能为力。

曼香是一位远嫁的女儿，母亲去世的时候她正在口若悬河地谈着业务，当接到家里打来的电话时，她整个人都怔住了。客户忙问她怎么了，曼香什么话也没有说，却早已满脸泪水。年前，她还答应母亲过两天去看她，但是没想到她还没来得及动身，母亲却永远地走了。也许母亲在病床上等了无数个"两天"，但就是等不来曼香的身影，在遗憾中悄然地离开了人世。后来的一段时间，曼香都陷在深深的自责中，夜晚睡觉的时候脑海中总是浮现母亲的影子，她一直以为母亲是带着怨恨走的，当无数次的盼望变成奢侈，一个人的心就会变凉。

曼香说："如果时光能倒流，我绝对不会这么忙碌，一定会拿出时间多陪陪他们，但我知道这是奢侈，这一别就是再也不见。"很多时候，我们总是以忙为借口，不舍得拿出自己丁点的时间来陪伴父母，总觉得时间还早，彼此之间还有很多机会，当意外猝然降临，我们几乎无力招架。这世界上最无情的莫过于时间和命运！

无论你怎么努力，时间都不会为你而停留，命运也不会为你改变，我们要做的就是珍惜现在。也许现在的你觉得母亲的唠叨很烦，但我相信等失去后你一定会觉得那真的宛若天籁！

如果父母还在你身边，那你一定要好好珍惜这最后的缘分。

朱自清在《背影》中说："最近两年不见，父亲终于忘却我的不好，只是惦记着我，惦记着他的儿子。"每当看到这句话时，我心里就非常难过，父母与子女之间最重要的永远都是血浓于水的爱。

很多时候，我们总是在失去以后才懂得珍惜，总是在再也无法挽回时才后悔当初的行为，在这世上，无论怎么样，一直惯着我们的，我想也就只有父母了。

"树欲静而风不止，子欲养而亲不待。"这句话说得不错，善待年迈的父母就是善待自己。你要知道，在这世上你们的缘分已经不多了，千万别等到一切无法挽回时，你再痛哭流涕。

如果可以，你一定要停下忙碌的脚步，多陪陪他们，用心感受你们彼此之间的爱，我想这真的是很美妙的一件事。

如果父母真的走了，就再也没有谁会心无杂念地对待你了，所以，别伤父母的心，在父母的有生之年里，多给父母一些快乐。别说自己没时间，别说自己工作忙，别老是把时间都花在其他人身上，要知道爸爸和妈妈都只有一个，失去了朋友可以再找，工作没有了可以再找，甚至连心脏没有了都可以重新换一个，但是父母没有了到哪里去找呢?

好好生活，善待父母，如果有一天生你养你的两个人真的走了，真的不在了，我们要勇敢，我们要坚强，因为人总是要离开这个世界的! 到那时我们也就不会有遗憾了，因为父母在世的时候自己已做了该做的。

好的爱情会让你的人生充满幸福

　　碧彤与宏盛是网上朋友，他们经常在网上聊天。碧彤属于那种敢爱敢恨的女孩子，大学期间她一直忙于学业，差点耽误了自己的终身大事。工作后，她认识了一个男孩，用碧彤的话来说，他们是一见钟情。

　　那天，弘盛正在午睡，碧彤给打来了电话，刚接起，她就在电话那端高兴地说："哥，我恋爱了，我生命中的白马王子终于出现了。"弘盛在电话里祝福她，并让她把男孩的照片发过来。当碧彤发过来之后，弘盛发现男孩确实是一个标准的大帅哥。碧彤告诉弘盛男朋友绝对是外貌协会的会长，看到她那么开心，弘盛在心里默默地送去了祝福。

　　那段时间，碧彤告诉弘盛她生活得非常幸福，男朋友对她非常疼爱，并在节日的时候给她带来巨大的惊喜。虽然那时的生活条件有点差，但是他们彼此都被幸福包围着。

　　有一次情人节，男孩把他们租住的地方装饰成了花的海洋，整间屋子在灯光的照耀下美丽得有些耀眼，电脑里一直在循环播放着张宇的《给你们》。

当碧彤开门的一瞬间，男孩手捧一束玫瑰花深情地说："我的女神，节日快乐！"碧彤对弘盛说："哥，你知道吗？我当时被感动得一塌糊涂，我就想这辈子跟定这个男人了。"

有了男孩的陪伴，碧彤上网的时间少了。

有一次，碧彤破天荒地上了一次网，她对弘盛说："哥，你知道吗？爱情真的很美好，我从来没想到自己会如此幸运。"弘盛笑着说："两个人能彼此相爱确实不容易，哥真心地恭喜你。"弘盛刚说完，碧彤的头像就变成了灰色。

转眼间，碧彤恋爱已经两年了。父母提出让她带男孩回家，碧彤兴奋地带着男朋友回家了。在家里，男孩尽可能地表现着自己，这让碧彤的父母非常满意。但让人想不到的是，这份满意仅仅持续了一周，碧彤的父母就变了脸。

原来，陷在热恋中的碧彤忘记了问男孩的父母是做什么的。当得知男孩的父母是农民，父亲患有脑梗时，碧彤的父母沉默了。他们知道男孩虽然非常努力，但以他们的条件根本无力在市里购买一套房子。碧彤的母亲对男孩说："我不可能让女儿跟着你一辈子受苦。"尽管男孩一再保证绝对会给碧彤幸福，但是也改变不了这个结果。

男孩走后一直给碧彤发短信，说自己是多么爱她，并说自己会为了她去努力奋斗。碧彤也曾试图说服父母，希望他们同意两个人继续交往，但是父母的态度很坚决。母亲对碧彤说："丫头，生活是残酷的，他们的家庭注定会成为你一辈子的负担，在生活面前，爱情是没有任何意义的，你就断了这个念想吧！"那晚碧彤哭得稀里哗啦。母亲告诉她，如果碧彤一直坚持，那么她们就断绝母女关系。

时间久了，碧彤和男朋友逐渐变成了陌生人，碧彤想给他打电话，但每次拿起电话又放下，因为她不知道到底该说什么。这时候男孩给她在微信里留了言，他说自己根本没想到碧彤是这样的人，他说碧彤就是一个被物质冲昏了头脑的人，他们之间的这份感情或许只是一个错误。

男孩的留言突然让碧彤想明白了，她跟母亲说："无论怎样，我都要和他在一起，请相信我们一定会幸福。"母亲当时气得让她离开这个家。

当碧彤告诉男孩，她一定要嫁给他时，男孩感动得一塌糊涂。为了能在一起，他们彼此改变了很多，在父母的反对声中步入了婚姻的殿堂。为了这份难得的幸福，他们用尽自己的全部力量来经营属于自己的生活。后来男孩顺利地升职，他们的生活也越变越好，父母的脸上也终于露出了笑容。

碧彤对弘盛说："哥，当时我真的很矛盾，但是我知道自己很爱他，所以我不会轻易选择分手，就和命运赌了一把，没想到我真的赢了。"看到她满足的样子，弘盛真为她高兴。

也许，爱情和生活完全不一样，但是只要彼此之间有爱，我相信一定会拨开生活的迷雾。

生活也许会有暂时的苦，但总有变好的时候。其实，我一直觉得结婚就是两个人的事，跟家庭无关。虽然这样说有些片面，但是我有很多自由恋爱的朋友都过得很幸福，在爱情的滋润中他们一直保持着彼此喜欢的样子。

有人说，这一辈子能够彼此爱着就是幸福的，也有人说相爱容易相处难，但有千难万难绕不过的是如何求同存异。通俗地说，就是是否保持住彼此喜欢的样子，如果真是这样，我想爱情一定会细水长流。

好的爱情会让彼此间充满力量，让他们无所畏惧生活的磨难，他们的爱情每天都会充满新鲜感。好的爱情就是两个人至真的坚持，为了这份感情他们甚至不惜一切，我想这应该就是爱情的真正意义。

因为爱情对彼此都是义无反顾，经历了风雨也深感无怨无悔。风雨过后就是彩虹，真正的爱情会让有情人一直幸福地走下去。

6 / *Chapter 6*

好好做人，一直善良

最高的情商，就是心里装着别人

　　情商通常是指情绪商数，简称EQ，主要是指人在情绪、意志、耐受挫折等方面的品质，其中包括导商（LQ）等。一个人的智商不高可能需要通过后天的不断努力才能取得成功，然而在现代社会中，如果一个人的情商不高则很难成功。说白点，情商太低就是太死板不会做人，当然在别人的眼里也称不上是善良。那么，到底什么样的情商才是最高的？

　　高情商里藏着一个人的聪明才智。真正聪明的人从来不会让别人难堪，也不会心直口快地当众表达自己的不满。在特定的场合他们一定会优雅地表现自己，把自己最好的一面展现出来。冰双有一天参加了一场相亲会，由于走得匆忙，不小心把裤子划破了。她本想回家换一件，但又怕迟到，犹豫再三后，她还是觉得第一次见面迟到非常不礼貌。

　　其间，冰双极力掩盖自己的尴尬，但明眼人一看就知道发生了什么事情，面对男士的问话，冰双显得有些心不在焉。

　　当气氛陷入尴尬中时，这位男士说："没想到今天天气挺冷的，我看你一直哆嗦，你要是不介意，就把我的外套盖在腿上吧。"冰双还没来得及说话，对方就把外套递了过来。冰双心里甚是感激，本来当时挺尴尬的，但是那位男士递过来外套的那一瞬间，突然觉得如沐春风。

其实，情商高的人永远是最会化解尴尬的人，因为善良总会让他们在心里装着别人。在生活中有一类喜欢讲真话的人，有人说喜欢讲真话的人都是善良的人，因为他们遇到事情从来不会拐弯抹角，而是心直口快地吐露自己的心声，在我看来这其实是情商低的表现。

小凝是一位总喜欢以自己为中心的女孩。有一次她陪闺密去买衣服，在这期间闺密试了好几件，但小凝都说不好看，最后，闺密失望而归。在回来的路上，闺密还抱有一丝幻想地说："那么多衣服，难道就真的没有适合我的吗？"小凝告诉她根本不是衣服的原因，主要是闺密的腿太短、腰太粗，所以搭配起来非常不好看。小凝说完后，闺密一路上都黑着脸。

后来，闺密跟她绝交了，小凝后来跟另一位朋友说："真没想到她是这种人，我实话实说还不是为了她好，她要是买来纯粹是浪费钱。"对于小凝的说辞，朋友并不知道该如何回答。

其实，这世上的每一个人都渴望获得别人的赞美，有时候他们明明知道结果，但是还是想从别人嘴里听到。情商高的人自然会满足他们内心的渴求，而情商低的人只会摧毁他们仅剩的心理防线。看破不说破是一种智慧，也是高情商的体现。朋友圈里朋友晒个图，你马上说用过美图秀秀；朋友写篇文章，你马上指出写得非常烂。总有那么多人为了逞一时口舌之快而做损人不利己的事，这些人其实很善良，但是善良得过火就是傻。一个人总说出让别人难堪的事情，等于丝毫不给别人留颜面，这样的人我觉得人品也不会有多好；遇到事情能优先考虑别人，在公共场合保护好别人的颜面，这样的人也必定是处世成功的人。

心里装着别人是高情商的体现，是一种让别人无法抗拒的人格魅力。

在西方法庭上有一个"真话原则"，宣誓的所有人必须保证自己说的话全部是真的，法庭借此来查清事情的真相，还世间一个公道。但我们的生活毕竟不是法庭，因此没有必要什么话都要说，比起无底线的尴尬，适当的赞美会更让人开心。如果在这个社会你一直心直口快，丝毫不顾虑别人的感受，那么我觉得你肯定会没朋友。

能够把握说实话分寸的人，必定是情商高的人，也是成熟的人。在社会这个大圈子里，他虽然看得穿，但从不说破，不仅顾及了别人的面子，也成全了自己的智慧。在生活中，每个人或多或少都会遇到尴尬，聪明的人会想办法化解尴尬，而不聪明的人只会放大尴尬，这说到底也是情商的体现，一个人情商的高低完全能在日常生活中展现出来。

季羡林曾说："做人就应该假话全不说，真话不全说。"我一直觉得这才是一个人真正智慧和高情商的体现。

当别人看不到错误时，我们委婉地指出来了，我相信他一定会感激你。当别人陷入尴尬的境地时，虽然我们帮不上忙，但也尽量不要暴露对方的尴尬，如果你真这么做，我相信你就是一个高情商的人。情商里藏着一个人的格局，藏着一个人未来的样子，但凡是格局大的人情商也一定会很高，前途也会一片光明。善良是个珍宝，但更需要用高情商来点亮。有分寸地散发善意，遭遇尴尬巧妙化解，是他行走世间的一贯原则。唯有如此，双方才会开心、才会舒服、才会心安理得地享受着美好的情绪，无论是给予还是接受给予，都会从心底淌出暖流。

成长中，你要懂得爱自己

　　你可以不成功，但你不能不成长。你会在成长的过程中懂得了如何爱自己。在人的一生中，支撑伟大的往往是那些不为人知的困难、痛苦、挣扎等琐碎的细节。正如远征之路看上去宏伟、美好、蜿蜒逶迤，那一路尘沙氤氲，扬起的似乎是如诗般瑰丽浪漫、如画般色彩斑斓的前程，脚下所踩的是大地母亲支撑我们追求理想的黄土，远处还有艳阳，还有彩虹。

　　但当我们走上这段路之后才发现，每一步路都要我们身体力行地用脚去丈量，于是蜿蜒逶迤变成了崎岖坎坷，尘沙氤氲变成了风尘仆仆，黄土变成了满路泥泞，艳阳虽好却让人酷热难耐，彩虹不知道会出现在远方何处，结果只留下风吹雨打的真实，不断抽着我们耳光。

　　直到这时，我们才算明白了一条真理，那些看上去波澜壮阔的美好，实际上却意味着背后可能有你看不见的大起大落。

　　我们根本没有想象中的那般强大，我们也改变不了世界。"一开始，我们都相信，厉害的是自己；最后，我们无力地看清，强悍的是命运。"

有那么些年，我们都不知道人生的意义是什么，不知道自己活着是为了什么，也不知道如何才能在一片迷茫中找到属于自己的那条路。

我相信不管是谁，都有过这样一段迷惘的时光。人们总是想依靠不多的努力就改变整个世界，但终将发现生活本身是一个简单又复杂的矛盾综合体，它根本不可能一说改变就能改变的。那时，人们开始反省自己，然后承认已被打败了，但人们依然不想接受被生活打败的这个现实。

如果人生是用来被生活打败的，为什么还要苦苦努力？因此，你进入了迷惘期。

年轻时候的迷惘是一件好事，它意味着我们走出了父母的庇护，不再用父母的价值观、世界观和人生观来看待问题，不再以满足父母的期望为生活的意义，我们有了独立思考的意识，有了想弄清自己和世界的愿望。

迷惘一阵子也是一件好事，至少说明我们还有追求，还对生命的意义有追问。只要我们不懈努力，在错误中、在痛苦中反省自己，总还能找到属于自己的那条路。

汪飞身材矮小，样貌丑陋，学历也不高，毕业找工作的时候，被很多公司拒之门外。于是，在他心里，自己成了一个无用的人，以再没有信心去任何一家公司应聘，只能靠政府的救济金度日。时值美国经济大萧条，上千名示威者聚集在美国纽约曼哈顿，他们高举标语，要求政府将更多资源投入到保障民生的项目中去。

他参与了这场运动，连续两周每天到曼哈顿参加抗议活动，希望借此改变自己的状况。到了第三周，他甚至对父母说，他要带个帐篷，要长期坚守在那里进行抗议活动。父亲听后叫住了他："你懂得维护自己的权益是值得肯定的，但是，你忽视了一个关键问题。""我忽视了什么？"

"抗议不会很快从根本上改变你的现状。你现在的状况仅仅是社会分配不公造成的吗？"父亲问，"在就业的问题上，你采取积极的态度了吗？"这个年轻人沉默了。

"老板总会追求利润，政治家在耍手腕，金融风暴来袭，全球经济发展放缓，很多老板就是喜欢聪明而有才气的人……世界就是这样在运转，这很难改变。"

"那我该怎么办？"他问。

"孩子，振作起来，先做好自己再说吧。"

在父亲的鼓励下，他又开始去找工作。很快，一家影视公司看上了他，请他做特型演员。后来，他成了美国西部当红的喜剧明星。他的故事告诉我们，你可以不成功，但你不能不成长。也许有人会阻碍你成功，但没人会阻挡你成长。

到最后能成就我们的并不是命运，而是我们自己。在任何一段关系中，我们不仅要以善待人，更要善待自己。这是生活的智慧。

家住得克萨斯州的丽兹·维拉斯奎兹，出生时就被发现得了一种罕见的怪病：马凡氏综合征，身体无法储存脂肪——得这种怪病的包括她在内，全球只有3个人。更糟的是，4岁时，她的一只眼睛开始从褐色变成蓝色，经过医生诊断后才发现，她的这只眼睛已经失明了……虽然在父母的精心照顾下，她艰难地活了下来，但每天不得不吃很多顿饭，每隔十几分钟就要吃一餐。即使这样，20多岁的时候，她的身高只有一米五七，体重只有25千克——这相当于一个8岁女童的身体重量。因为身体的脂肪近乎为零，她的体形干瘪，被人嘲笑为"骷髅女孩"。

17岁那年，她浏览网页时意外地发现自己成了一段视频《世上最丑的女人》的"主角"，原来有好事之徒悄悄地将她的形象拍摄下来上传到网上。更令人伤心的是，这部短片的点击量竟然超过400万次。无数网民在视频的评论中释放语言暴力，甚至有人要她自杀离开这个世界……

可她并没有退缩，而是选择勇敢地站出来迎击这一切。尽管骨瘦如柴、身体多病，她还是积极参加学校的各种活动，并成了啦啦队的队员。后来，她决定用自己的亲身经历为弱势群体争取点什么。于是，她拍摄了一部关于自己成长的纪录片并开始作演讲。结果她的故事一下子风靡互联网，激励了很多因自卑而自暴自弃的年轻人。她出版了讲述自己经历的书，甚至在参与反欺凌的立法工作中成功地游说国会议员。

被千万人讥笑的丽兹，是怎么走出人生的低谷找回自信的感觉呢？在几年前，丽兹写了一个"爱自己"的清单，清单上，她写下了自身所有的优点，无论是身体上的，还是性格上的。她把清单贴在浴室的镜子上，以便每天都能看到它，直到自己相信这些文字。每次她质疑自己的时候，首先会想到这个清单，想起"我的确有可爱的地方"。慢慢地，她不再困扰于别人的质疑。

"你必须完全自信地意识到，爱自己就足够了，"丽兹说，"你不需要用别人的标准来衡量自己，你不需要像别人一样胖或者一样瘦，不需要把自己和别人相比。你需要的，只是做自己。因为每个人都是无可替代的，每个人都有可爱的地方。"

什么事情都需要一个过程，你应该坚强地面对一切，但你也有权不委屈自己，到最后达到的最好状态大概是，你懂得了如何爱自己。

那时，你不会再牺牲掉所有的时间和精力，去打拼别人眼中的辉煌未来，而是在当下努力去做自己喜欢做的和有趣的事情，让自己的内心充盈着喜悦，让现在的每一天都以自己喜爱的方式度过。

　　天下唯一能不劳而获的东西是贫穷，没有一种苦难不是成长的营养剂，也没有一种成长不是在告诉我们，你可以过得更好一些。成长的道路是用接踵而来的心灵挣扎和无数次泪流满面后的觉悟铺就的，其中有蜕壳的痛，有忍受不被接受、不被理解、不断将自己身上的刺砍掉的痛。

读书让你变得更善良

对于书籍，牛顿有句经典名言："如果说我曾经看得远一些，是因为我站在巨人的肩膀上。"这就是名著的力量。无疑，书籍是人类最好的朋友，读书能让我们变得聪慧、善良、谦逊……

著名学者、作家周国平曾出版一本散文集《善良丰富高贵》，他在书中说："如果我是一个从前的哲人，来到今天的世界，我会最怀念什么？一定是这六个字：善良、丰富、高贵。"

2017年2月7日晚，复旦附中高一女生武亦姝夺得央视《中华诗词大会》节目的冠军，并在一夜之间走红。武亦姝长相斯文，戴一副眼镜，在比赛现场神闲气静、从容应对，最终以《诗经》里"七月在野，八月在宇，九月在户，十月蟋蟀入我床下"一句在"月"字"飞花令"环节胜出。对于她的表现，很多网友表示服气。

中央民族大学教师蒙曼这样评价武亦姝："诗歌的真

善美是渗透到她心里去的，她的谦逊不是装出来的，而是有诗意在心中，她站在那里气定神闲的样子，诗意就出来了，这就是所谓的'腹有诗书气自华'。"

但很快对她负面的评价也出现在网络上，甚至有网友吐槽她的相貌，网友A君说："都说武亦姝漂亮，为什么我反而觉得她长得好怪异，就像一条蛇一样，虽然有个头，但一点也不美，不仅嘴边的痣不好看，而且脑袋太小，和身高的比例完全不匹配，耳朵和眼睛更不好看，说话声音就像个男人。"

从这两个人对武亦姝的评价里，完全可以看出他们的区别。读书多的人对事物的看法总是恰到好处，而读书少的人总喜欢鸡蛋里挑骨头。因为读书少，所以见识少，说出的话也让人难以接受，如此循环往复，整个世界他都会觉得很丑。

俗话说"人怕出名猪怕壮"，这话一点也不假。武亦姝出名后，很多肤浅的人开始不再关注她在诗词上的造诣，而是非常关注她的相貌，想通过自己的言论来吸引大家的眼球。其实这群人相当无聊，他们从来不去关注别人的才能，而是对爹妈给予他们的相貌津津乐道。

其实，这世界上有一群很无知的人，他们活在世上的使命仿佛就是为了嘲笑别人。他们从来不去看别人的长处，而是费尽心机去寻找别人的短处，一旦找到后就大肆放大，仿佛哥伦布发现了新大陆。通过这段时间的调查，我突然发现越是读书多的人，他们的素质越高，在评论人方面也越中肯。

在这个社会上，有一批人觉得读书就是在浪费时间，他们从事着繁重的工作，从来不去想如何改变，而是整天怨天尤人，发现不了这个世界的美好。但读书多的人却更加脚踏实地，因为他们知道一味埋怨是没有用的，凭着自己的知识储备完全有能力在这个美丽的世界立足。

其实，读书多的人就是能看到事物美好的一面，读书少的人才会在事物的丑陋面上大做文章。一年前，小勇到一家单位实习，平常他的工作不忙，领导让他闲暇时间多读读书，但是小勇从来不听，他把大量的空闲时间用在了玩游戏上，主任交代的工作也是应付了事。

当他沉浸在游戏的世界里时，单位里又来了一位小伙子，这位小伙子不仅知识储备量非常大，而且做事非常主动，每次有事主任都让他去做。

有一次，小勇和朋友在一起吃饭，他对朋友说："我们单位来了一位特别丑的小伙子，真没想到这么丑的人单位也会聘请。"当我看了小勇手机上的照片时，心里突然有些不痛快。我说："我觉得他不丑啊！"小勇白了我一眼，便不再说话。

其实，我知道小勇并不是真的觉得对方丑，而是嫉妒对方比他有才华，因为明知自己在知识上比不过人家，所以就会肤浅地和人家比相貌，因为他书读得少，所以他眼里的世界也是丑陋的。

当一个人看任何事都觉得很肤浅时，他就应该静下心来好好读书了，有时候一本好书完全可以改变他的一生。读书少，抱怨的就多，抱怨生活的不如意，抱怨命运不善待自己。时间长了，甚至觉得这一切是上苍对不起自己。读书少的人负能量就多，总是拿出大量的时间来嘲笑读书多的人，其实这一切都是心虚的表现。

读书多的人，心态都非常积极。良良的父母是地道的农民，虽然当时他没有考上大学，但是他一直在读书，后来通过自考实现了自我的价值，并成为当地一所好学校的老师。他说："如果不读书，那么我现在肯定和父母一样继续和黄土地打交道，早早地结婚生子，过着平淡无奇的生活，理想和情怀也成为奢侈的事情了。"

读书多的人和读书少的人价值观是完全不一样的。前者遇到事物能明辨是非，能很好地解决生活中遇到的事情，他们的人生往往也会一帆风顺；而后者却只会怨天尤人，总是为自己的失败寻找借口，人生和事业也充满坎坷。

读书少的人，他们的世界是黑白色的，他们看不到这个世界的绚丽多姿，看不到别人的内在，他们唯一能看到的就是最表面的东西。如果有时间，别怨天尤人了，拿起书本努力读吧！俄国作家托尔斯泰说："人不是因为美丽才可爱，而是因为可爱才美丽。"一个勤于读书看报、勤于思考和实践的人，会变得睿智、儒雅、大度、自信。腹有诗书气自华，读书不仅可以丰富人们的知识，还可以改变人们的心态，在经典与大师的指引下，世俗之人都能够快乐地阅读、幸福地生活。

做一个有素质的人

现实生活中人们往往会评论一个人有没有素质、有没有修养。什么是素质、修养？简单地说，就是一个人的言谈举止、为人处世留给人们的印象。有的人素质高，说话很有分寸、很有内涵，表现出高雅的气质，给人留下良好的印象。

绝大部分人喜欢从一个人的外观行为来看一个人的修养程度。如果一个人动不动就骂人、害人、损物、伤害别人的身体，或者做一些超出道德标准的事，就是没有修养的表现。要想做一个有修养的人，就必须注意自己生活中的日常行为，同时也要不断地扩大阅读范围，提高自己的知识素养，这样才能全面提高个人的修养水平。如果能把吸收的知识储存在脑子里，并且进一步思考它，有自己的看法和见解，然后再以自己的意思表达出来，则可以真正称得上是有知识、有修养的人。必须基于自己的想法说话！有些人不敢表达自己，有意见不敢在大众面前发表，只在私下议论纷纷，遇事也不敢做、不敢担当。不敢担当就不能负责，不能负责就无法获得别人的信任。

所以只要是善事、好事，我们就应该要敢说、敢做、敢当。

有修养的人还要学会鞭策自己。这就意味着不姑息自己，对自己采取严格要求的态度。如果对自己姑息而苛责于人，这种人是没有资格被称为有修养的人的。

做一个有修养的人，在待人接物等方面能够处处为别人着想，有一颗宽容、善良、体谅的心，则这个人完全可以称得上是一个有修养的人。

凤霞有个小学同学张超，他上学那会儿，就在班上调皮捣蛋，不学无术。毕业以后，大家各自求学，失去了联系。多少年后在同学聚会上再相见，才发现那个不学无术的张超已混得风生水起，不但拥有了一个美丽的娇妻，而且拥有丰厚的资产，年纪轻轻就已算得上是家大业大，大家不禁对其刮目相看。

凤霞向来是个生活中疏于联络的人，加上大家都各自成家，自己也难得闲暇，就更是少有露面。虽然同学聚会后大家都互留了电话，却也只是存入通讯录而已。只不过多年的同窗之谊，想来确实要比别人亲切些。

没想到，自从张超有了凤霞的电话号码，就三天两头打电话过来。刚开始，凤霞因为对张超在同学聚会上有了新的认识，还觉得很是荣幸。不管曾经如何，毕竟现在都长大了，张超也算活动在社会中上层的人，终究也是发小儿，情理待之，也是无可非议。

可是后来张超总是不分时间不分情况地打电话骚扰，一打电话就以想要聚聚为由要求单独见面，哪怕是凤霞身在外地，张超也会说我开着车一会儿就到。更有甚者，好几次半夜三更接二连三地打来无聊的电话。这让一向生活自律的凤霞倍感厌恶，最终还是将其拉入黑名单。

本以为这么多年的成长和现有的社会地位，可以提升整个人的素质修养，没想到，张超终究也没有提高自己的素养。固然有外在的光环围绕，却依旧难掩本质的劣陋。其实，素质就是一个人的试金石，良好的修养才是做人的根本。一个根本就不懂得自重的人，自然不会懂得尊重别人；一个不懂得尊重别人的人，自然也不配被别人尊重。那么，我们该如何成为一个有内涵的人呢？

首先要做到诚实守信。人无信则不立，无信则无德。诚信是人立足于社会、朋友圈的根基，不论在工作还是生活中，我们都应以诚信为准则，说话算数，怎么说就要怎么做，答应的事情一定要尽全力去办，至于办的程度如何取决于我们的态度，不能给予帮助的绝对不要夸下海口，以免耽误了人家的时间，错过了机会。现在生活节奏快，人们的时间观念越来越强，时间就是金钱，我们不能挤占别人的时间给自己方便，无论是公事、私事或参加什么活动，我们要准时到场，拖延时间就是对别人的怠慢，是一种很不礼貌的行为，会使你的形象在人的心目黯

然失色。其次是谦虚和善。为人谦逊是人的良好品质，古人说
"满招损，谦受益"，任何一个场合，如果你有傲慢的情绪或表
现，会显得对人不尊重、不礼貌，别人对你就有排斥心理，是你
走向成功的一大障碍。"三人行，必有我师"，不论你有多高的
文化、多好的技术、多么优越的条件，都有向他人学习的东西。
人类是生活在群体里的，一个人的精力、能力、生命是有限的，
我们不可能在有限的范围内了解、掌握整个社会的知识和经验，
虚心请教他人会让我们工作生活更加顺利。

　　我们不能因为自己有一技之长就津津乐道，认为自己比别
人高一等，在别人面前处处展示，那样会伤他人自尊；帮助了
朋友也不能挂在嘴上，特别是当朋友的家人或亲戚在场的时候不
要提及，要以真正关心、爱护朋友的心对待朋友，语言要和善
可亲，不急、不粗鲁、不固执，就像对待家人一样，以一种平
和、安详的外在气质与他人交往。再次是理解宽容。对人要大度
宽容，善解人意，理解他人的难处、苦衷，不要咄咄逼人，要给
他人缓冲的机会，对人宽容也是对自己宽容，这是人们情感交流
的基础，也是建立友谊的桥梁。每个人成长的环境，现实生活范
围、空间都不同，对待事物的观点和价值取向存在差异是很正常
的。在工作上多给朋友、同事制造宽松愉快的环境，做一个助人
为乐的人，当他们有困难时主动伸出援助之手，尽力而为；在生
活上，多关心理解他人，包括理解他人的需要和行为习惯，对事

物的立场、观点、看法和态度，不要过多争论，分个你强我弱，可以保留自己的意见，但不能强迫别人与你一致。

如果在交往中朋友伤了你的面子或伤及你的利益时，只要无大碍都要适当地给予宽容，当然不是放弃原则的纵容和姑息迁就，对邪恶和居心不良的人要表明态度，严厉地指出。

最后是要有一定的文化知识和丰富的社会阅历做支撑。一个人的文凭并不重要，重要的是在日常生活中要努力学习，积极上进，不断地修炼自己，有了深厚的文化底蕴和丰富的社会经验，会使你在为人处世上上一个层次，让人心悦诚服、肃然起敬，这就要求我们不断学习、不断进取，博采众家之长，弥补自身之短，日积月累，厚积薄发。

总之，要想被人尊重，在激烈的社会竞争中站稳脚跟，就得加强学习，不断提高文化素养，积累经验，做一个有内涵的人。

与其仰望别人，不如提升自己

人，来到这世上，难免会有不如意，也会有不公平；会有失落，也会有羡慕。你羡慕我的自由，我羡慕你的约束；你羡慕我的车，我羡慕你的房；你羡慕我的工作，我羡慕你每天总有休息时间。

或许，我们都是远视眼，总是活在对别人的仰视里；或许，我们都是近视眼，往往忽略了身边的幸福。事实上，大千世界，不会有两张一模一样的面孔，只要你仔细观察，总会有细微的差别。同是走兽，兔子娇小而青牛高大；同是飞禽，雄鹰高翔而紫燕低飞。人，总会有智力、运气的差别；总会受环境、现实的约束；总会有人在你切一盘水果时，秒杀一道数学题；总会有人在你熟睡时，回想一天的得失；总会有人比你跑得快……参差不齐，才构成了这世界上一道道亮丽的风景。卞之琳说：你站在桥上看风景，看风景的人在楼上看你。

小跃和老公青梅竹马，但婚后没几年却分道扬镳了。刚开始小跃说她爱上了别人，因为和老公在一起生活没有丝毫波澜，他根本不懂生活中的浪漫，就像一桩木头只知道吃饭穿衣，后来人们才知道是小跃的老公提出的离婚。小跃是个能干的女人，她在超市里做收银员。不仅如此，她晚上还会做一些零工，和老公一起努力地支撑着一个家。老公疼惜她，每次都想让她早些休息，但小跃不仅不领情，反而还埋怨老公无能。小跃的老公是一名公交车司机，虽然起早贪黑地拼命干，但是他的工资并不高，在大城市里的生活有些捉襟见肘。有时候，小跃埋怨自己命不好，找了个如此无能的男人。每次她发牢骚时，老公一句话也不回，总是蹲在墙角拼命地抽闷烟。别人家的幸福生活从来没有在他们家里出现过，小跃不断地抱怨让老公开始对生活失去了信心，原本他想努力奋斗，尽自己最大的努力保护小跃，可到头来他突然发现自己连最基本的生活都保障不了。他开始陷入深深的绝望中，每当小跃拿他和别的男人比时，他的内心都非常痛苦，时间久了他甚至觉得自己根本配不上小跃。在一个春日的午后，小跃正在家里收拾卫生，老公突然推门而入，小跃没好气地说："你不在外面好好工作，跑来家做什么，难道要我们一家喝西北风吗？"说完后，老公并没有说什么，而是翻箱倒柜地找东西。

气不打一处来的小跃质问老公做什么，这个时候对方竟然平静地说："这些年来委屈你了，我觉得我们还是离婚吧，因为我给不了你想要的幸福。"老公说完后，小跃以为对方开玩笑，但当看到他认真的样子，小跃慌了。小跃并没有问对方原因，因为这些年来她知道只要老公做出决定，那么任何人都无法改变，她只是不明白自己的婚姻为何走到了尽头，她甚至天真地以为老公在外面有别的女人了。

临走的时候，小跃想问对方要一个解释，但是对方并没有多说，只是觉得自己根本配不上她，希望她以后能找到属于自己的幸福。小跃从来没有想过离婚，虽然别人家的经济状况比他们好，但她也只是随便说说，只是没想到自己的男人竟然当了真。其实，小跃骨子里是知道离婚原因的，但是她根本不愿意承认。

离婚后，小跃开始变得沉默，努力地做着属于自己的工作，在她的世界里再也没有埋怨，取而代之的是对生活的满足。这段婚姻的失败，让她明白了很多事。其实有时候我们就生活在幸福之中，只是我们浑然不知，还总是一直羡慕别人，当自己真正失去后，就会变得追悔莫及。几天前，小跃更新了朋友圈："我们一直羡慕别人，却怎么也做不好自己。"离婚之后的小跃非常痛苦，因为她再也找不到一个那么疼自己的人。

其实，学会在自己的生活里绽放幸福，远比羡慕别人重要得多。茹雪结婚了，让她的朋友们想不到的是陪她走进婚姻殿堂的，竟然不是那个高大威猛的帅哥，而是一个非常平凡的人。刚开始大家以为是茹雪开的一个玩笑，但当看到他们在婚礼上彼此深情地交换戒指时，朋友们才明白这一切都是真的。后来有位朋友问茹雪为什么没有跟那位帅哥走到最后，她笑着说："爱情或许可以谈得轰轰烈烈，但越是这样结局也会许越悲惨，在婚姻里最重要的是舒服而不是仰望。"看到茹雪快乐幸福的样子，朋友们从心里为她高兴。曾经有位姑娘在婚姻里充满了焦虑，她一直觉得自己活得很悲伤，因此想脱离婚姻的苦海。她去寺庙里求助时，方丈问她不幸福的根源是什么，她想了想说："我觉得别人家都比我们过得好。"

她说完后，方丈思考了一会儿，说："其实，你对于幸福的理解太浅薄了，你一直在和别人进行攀比，但这有什么意义呢？到头来还不是自寻烦恼？"方丈说完后，这位姑娘恍然大悟，原来不幸的根源就是自己。

其实，幸福真的很简单，简单到如日常的吃饭穿衣和睡觉。很多人对自己拥有的幸福视而不见，总是羡慕别人，在别人面前诉说自己的不容易，这其实是可悲的。纵使你曾经在婚姻里痛哭流涕，也要学会寻找婚姻里的温馨，有时候你的委屈和粗茶淡饭的日子未尝不是别人深深羡慕的。

这世界上，我们拥有的真的很多，如果不去比较，经营好属于自己的岁月静好，我想这是值得称赞的。幸福其实就是电影里的一个慢镜头，你会在里面看到属于自己的样子。走在生活的风雨旅程中，当你羡慕别人住着高楼大厦时，也许瑟缩在墙角的人，正羡慕你有一座可以遮风的草屋；当你羡慕别人坐在豪华车里，而失意于自己在地上行走时，也许躺在病床上的人，正羡慕你还可以自由行走……

有很多时候，我们往往不知道，自己在欣赏别人的时候，自己也成了别人眼中的风景。事实上，人生如一本厚重的书，有些书是没有主角的，因为我们忽视了自我；有些书是没有线索的，因为我们迷失了自我；有些书是没有内容的，因为我们埋没了自我……

活在人世间，没有谁的生活是值得我们羡慕的。每个人都是宇宙空间里的小行星，都有自己的预定轨道和生活方式。你不可能成为别人，别人也不可能成为你。你的生活别人不能复制，别人的生活也不可能适合你。过好自己的日子才是最现实的。